AF359694

rent les hommages d'un monde frivole ; mais c'est un titre chéri de Dieu et respecté des anges, qui donne droit à des honneurs immortels, et à de glorieux priviléges dans le royaume du ciel. C'est le seul titre que nous donnions et qui convienne à la plus sainte des créatures, à la mère du Verbe incarné. Quand nous l'avons nommée Vierge par excellence, nous croyons non-seulement l'avoir assez clairement désignée, mais avoir renfermé en un mot tout son éloge. En effet, c'est elle qui conduit la troupe innocente des vierges : *Adducentur.... virgines post eam ;* qui les présente à son fils, en qualité de ses suivantes, de ses imitatrices, de ses filles adoptives : *Proximæ ejus afferentur tibi.* C'est elle qui les introduit dans le séjour de la félicité pure et de l'éternelle joie : *Afferentur in lœtitiâ et exultatione ;* qui leur ouvre, sur les hauteurs les plus inaccessibles de la Jérusalem céleste, ce sanctuaire secret de la Divinité, où elles seules entre les élus sont admises, et où le Roi de gloire manifeste à ses épouses tout l'éclat de sa beauté : *Adducentur in templum regis* (1).

Combien ne devez-vous donc pas estimer votre bonheur, ô vous, ma chère Sœur en Jésus-Christ, qui, après vous être dégagée des liens

(1) Ps. XLIV, 15 et 16.

MANUEL
De l'Enseignement Primaire Supérieur.

NOTIONS
D'HISTOIRE NATURELLE
EN 20 LEÇONS.

COMPRENANT LES TROIS RÈGNES : LA MINÉRALOGIE, LA BOTANIQUE ET LA ZOOLOGIE

Sur un plan très-méthodique et propre à faciliter l'étude abrégée de cette science

D'APRÈS LE MANUEL DES ASPIRANS
ET PLUSIEURS AUTRES NATURALISTES

OUVRAGE DESTINÉ A L'ENSEIGNEMENT PRIMAIRE SUPÉRIEUR

Par A. F. Puyot

PRIX : 1 franc

A LYON,
CHEZ F. GUYOT, IMPRIMEUR-LIBRAIRE.
Rue Mercière, n. 59
AUX TROIS VERTUS THÉOLOGALES.

1835

LYON. — IMPRIMERIE DE CHARVIN.

AVERTISSEMENT.

En donnant au public ces *Notions d'Histoire naturelle*, je n'ai pas eu l'intention d'offrir un ouvrage neuf quant au fond ; je n'ai eu que le désir de rendre plus facile l'étude d'une science qui se trouve au nombre de celles dont le gouvernement vient de doter *l'enseignement primaire*. La division en vingt leçons de cet ouvrage concorde avec les vingt jours de classes qu'il y a dans le mois. La première partie, qui comprend la minéralogie et la botanique, est divisée en dix leçons, et concorde, ainsi que la zoologie, avec les dix classes de la semaine ; de sorte que les élèves d'une division peuvent faire toutes les semaines un cours de minéralogie et de botanique, et ceux d'une autre division, un cours de zoologie, en travaillant seulement une demi-heure à cette science, parce que les leçons sont distribuées de manière à être lues en moins de vingt minutes ; il reste encore dix minutes pour faire une répétition. L'expérience m'a prouvé que la forme du dialogue est infiniment plus avantageuse et plus à la portée des enfans, surtout dans une science qui ne nécessite aucune démonstration, et dont tout le travail pèse sur la mémoire plutôt que sur la conception ; c'est pour cela que je l'ai adoptée dans l'Histoire, la Géographie, l'Histoire naturelle et la Physique,

TABLE

ALPHABÉTIQUE.

FIN DE LA TABLE.

NOTIONS
D'HISTOIRE NATURELLE.

PREMIÈRE PARTIE.

MINÉRALOGIE ET BOTANIQUE.

PREMIÈRE LEÇON.

MINÉRALOGIE.

D. *Qu'est-ce que l'histoire naturelle ?*

R. L'histoire naturelle est une science qui a pour objet l'étude des corps particuliers, vivans ou inanimés, qui habitent le globe.

D. *Que comprend l'étude d'un corps particulier ?*

R. L'étude d'un corps particulier doit comprendre nécessairement : 1° la description de toutes les propriétés sensibles de ce corps et de toutes ses parties ; 2° les rapports de ces parties entre elles et les changemens qu'elles subissent ; 3° les rapports de ce corps avec tous les autres corps de l'univers ; 4° l'explication de tous les phénomènes connus. L'étude de l'histoire naturelle est immense ; nous ne nous proposons ici que d'indiquer succinctement son application aux besoins ordinaires de la vie.

D. *Qu'entendez-vous par classes ?*

R. Les êtres de la création ont été groupés en grandes classes qui comprennent les êtres réunissant certaines particularités qui leur sont propres et qui constituent le caractère de chaque classe.

D. Qu'entendez-vous par méthode d'histoire naturelle ?

R. Chaque classe se partage en divisions moins grandes, nommées ordres ou familles, qui ont leurs particularités de caractère ; chaque famille se divise, à son tour, en groupes plus restreints encore, nommés genres; chaque genre se divise en groupes plus petits, nommés espèces ; chaque espèce a ses variétés : cet ensemble de divisions, dont les supérieures comprennent les inférieures, se nomme méthode.

D. Quels sont les trois règnes de la nature ?

R. Les trois règnes sont : le minéral, le végétal et l'animal. L'histoire naturelle contient donc, 1° la minéralogie qui s'occupe du règne minéral ; 2° la botanique qui s'occupe du règne végétal ; 3° la zoologie qui s'occupe du règne animal.

D. Qu'est-ce qu'un minéral ?

R. Un minéral est une agglomération de molécules qui sont unies juxta-position, c'est-à-dire les unes sur les autres. Les parties d'un minéral peuvent se séparer sans que le minéral cesse d'exister : en effet, coupez un minéral en deux, vous aurez deux masses au lieu d'une, seulement elles seront plus petites.

D. Comment se divisent les substances minérales ?

R. Les substances minérales peuvent se diviser en deux sections : les substances atmosphériques et les substances terrestres ou minéraux proprement dits. Les substances atmosphériques sont des corps simples, c'est-à-dire qui ne peuvent se décomposer. Ce que nous nommons corps simples sont les corps que jusqu'à présent l'on n'a pas pu décomposer. Les substances atmosphériques sont gazeuses, c'est-à-dire qui ont la forme de vapeurs; c'est pourquoi on les appelle gazolytes.

Les substances terrestres sont les minéraux proprement dits, tels que le fer, l'argent, l'or, le platine, etc.

D. *En combien de classes divise-t-on les minéraux ?*

R. Les minéraux se partagent en trois classes : la classe des substances inflammables, la classe des substances métalliques, la classe des substances pierreuses, ou ce qui est encore plus simple, la classe des combustibles, la classe des métaux, et la classe des pierres.

Voici le tableau de la classification des minéraux :

RÈGNE MINÉRAL.	Substances atmosphériques.	Les gazolytes.
	Substances terrestres.	Les combustibles.
		Les métaux.
		Les pierres.

D. *Qu'est-ce que le diamant ?*

R. Le diamant appartient à la classe des combustibles; c'est le plus dur, le plus brillant, le plus limpide des minéraux. Le diamant est si dur qu'il raie tous les minéraux et qu'il n'est rayé par aucun; il est cependant fragile, car, avec un marteau, il est facile de le briser. Parmi les diamans, les plus estimés sont ceux qui réunissent la limpidité et la pureté. Il y a des diamans verts, roses et bleus.

D. *D'où viennent les diamans du commerce ?*

R. Tous les diamans répandus dans le commerce viennent de l'Inde et du Brésil. On les trouve dans les terrains d'alluvion et à peu de profondeur au-dessous du sol.

D. *A qui le diamant doit-il ses feux et son éclat ?*

R. A la taille et au polissage.

D. *Comment taille-t-on et comment poli-t-on le diamant ?*

R. On poli le diamant et on le taille avec sa propre poussière, puisque aucun autre corps ne peut l'entamer. C'est avec le diamant que l'on coupe le verre et que l'on grave sur les corps les plus durs.

D. *Combien distingue-t-on d'espèces de tailles de diamant?*

R. On distingue deux tailles principales de diamant : la taille en brillant et la taille en rose. Le dessus de la taille en brillant est une surface plane, entourée d'un double rang de facettes obliques ; le dessous est garni de facettes inclinées qui se réunissent en un point commun : on ne peut tailler ainsi que les diamans épais. Le dessus de la taille en rose est une pyramide, et le dessous est plat ; on ne taille en rose que les diamans peu épais et qui sont d'une bien moindre valeur.

D. *Comment évalue-t-on le poids du diamant?*

R. On évalue le poids du diamant en karats : le karat pèse quatre grains : un diamant d'un karat vaut 250 francs ; de deux karats, 1,000 fr. de six karats, 5,000 francs.

D. *Quels sont les plus beaux diamans connus?*

R. Un des plus beaux diamans que l'on connaisse est le *Régent*, qui appartient au roi de France ; il pèse 136 karats et a un pouce de largeur. Comme il est sans défaut on l'estime à plus de 5 millions. Le diamant du raja de Matan à Bornéo, pèse 300 karats ; celui de l'empereur du Mogol pèse 279 karats et vaut onze millions ; celui de l'empereur de Russie pèse 193 karats ; celui de l'empereur d'Autriche pèse 139 karats. Ces diamans sont moins purs que le *Régent*.

D. *Qu'est-ce que la houille?*

R. La houille, que l'on nomme ordinairement charbon de terre, est une substance charbonneuse et d'un noir luisant ; elle brûle aisément et répand une odeur de bitume.

D. *Qu'est-ce que le coke?*

R. Lorsque la houille a brûlé, le charbon qui reste se nomme coke. On s'en sert pour combustibles dans les appartemens, parce qu'il ne donne plus ni odeur ni fumée. La houille est très-employée comme combustible ; elle donne plus de chaleur que le bois et le charbon de bois, à volume égal.

D. *Combien d'espèces de houille distingue-t-on ?*

R. Deux espèces : 1° la houille grasse qui se gonfle en brûlant et qui se fond ; on s'en sert beaucoup pour les travaux de forge. C'est de cette houille que l'on retire le gaz pour l'éclairage et le coke pour résidu ; 2° la houille maigre qui contient beaucoup moins de bitume et qui sert à la fonte des verreries, des fours à chaux, etc.

D. *Où se trouvent les principales mines de houille de la France ?*

R. Les principales mines de houille de la France sont à Anzin, département du Nord ; au Creusot, département de Saône-et-Loire; à Saint-Etienne, département de la Loire. La Belgique et surtout l'Angleterre, possèdent des mines de houille de la plus grande richesse.

D. *Qu'est-ce que la tourbe ?*

R. La tourbe est une matière brune, formée par les débris de certaines plantes marécageuses ; on l'emploie dans l'économie domestique comme combustible ; ses cendres servent à amender les terres.

D. *Qu'est-ce que le soufre ?*

R. Le soufre est une substance d'un jaune couleur de citron, combustible, et qui, en brûlant, répand une odeur très-forte ; on le trouve à l'état natif, principalement autour des volcans : souvent il est combiné avec les métaux. Le soufre est très-employé en médecine, surtout dans les maladies de la peau.

IIe LEÇON.

SUITE DE LA MINÉRALOGIE.

D. *Combien il y a-t-il de sortes de métaux ?*

R. Il y en a neuf, qui sont le fer, le plomb, le cuivre, l'étain, le zinc, le mercure, l'argent, l'or et le platine.

D. *Qu'est-ce que le fer ?*

R. Le fer est le plus abondant de tous les métaux et en même temps le plus utile. On ne le trouve jamais pur dans l'intérieur du globe ; mais on le retire du minerai.

D. *Qu'est-ce que le minerai ?*

R. C'est une substance composée de plusieurs corps étrangers parmi lesquels se trouve le fer.

D. *Qu'est-ce que la fonte ?*

R. C'est une matière fusible, cassante, que l'on retire du minerai. Pour convertir le minerai en fonte, on le met en contact avec du charbon dans le haut fourneau ; le minerai fond et on le coule dans des moules creusés dans le sable ; on s'en sert pour fabriquer des marmites, des plaques de cheminées, des tuyaux pour la conduite des eaux, etc. Pour obtenir le fer, on refond la fonte dans un fourneau d'affinage, et on soumet le métal à la percussion répétée d'un grand marteau mû par l'eau ou par des machines à vapeur.

D. *Qu'est-ce que l'acier ?*

R. C'est le fer forgé mis en contact avec la poussière de charbon de bois à une haute température ; dans ce cas on obtient l'acier qui, par son extrême dureté, sert à construire les instrumens des arts, les lames de rasoirs, de couteaux, de sabres, les ciseaux, etc.

D. Qu'est-ce que le plomb ?

R. C'est un métal mou, pesant et facile à fondre ; on se trompe lorsqu'on dit qu'il est le plus lourd des métaux. On n'a pas de plomb natif, mais on le retire du sulfure de plomb ou galène.

D. Où sont les principales mines de plomb ?

R. Les principales mines de plomb sont exploitées en Angleterre, en Allemagne et dans l'Inde.

D. Qu'est-ce que la litharge ?

R. C'est le plomb combiné avec l'oxigène : les cabaretiers de mauvaise foi l'emploient pour frelater leurs vins.

D. A quoi sert-elle encore ?

R. La litharge sert encore à préparer l'extrait de Saturne et l'onguent de la mère.

D. Qu'est-ce que le cuivre ?

R. Le cuivre est un métal résistant, sonore, brillant, malléable (pouvant s'étendre sous le marteau), ductile (susceptible d'être passé à la filière) ; l'humidité de l'air le couvre de vert-de-gris, substance redoutable par ses effets.

D. Qu'est-ce que le laiton et le bronze ?

R. Le laiton est le cuivre uni au zinc qui sert à faire des branches de compas, etc.; uni à l'étain, le cuivre constitue le bronze avec lequel on fait des cloches, des canons, des statues, etc. On le trouve à l'état natif en Suède et en Sibérie ; en France on l'extrait du carbonate de malachite ou bleu de montagne. On ne saurait trop prévenir les funestes effets du vert-de-gris en ne laissant rien refroidir dans les casseroles ou autres vases de cuivre.

D. Qu'est-ce que l'étain ?

R. L'étain est un métal plus dur et plus ductile que le plomb : c'est le plus léger des métaux employés dans les usages de la vie ; uni au plomb, il forme la soudure des plombiers ; amalgamé avec le mercure, et réduit en lames très-minces, il forme le tain des glaces, miroirs.

D. *Comment étame-t-on les vases de cuivre ?*

R. Pour prévenir les dangers du vert-de-gris, on étame les vases de cuivre en appliquant sur la surface intérieure une très-légère couche d'étain fondu.

D. *Qu'est-ce que la tôle et le fer-blanc ?*

R. La tôle n'est que du fer réduit en lames minces ; on l'étame et l'on obtient le fer-blanc dont l'usage est si répandu. Les principales mines de plomb sont dans l'Inde, dans l'Allemagne et dans l'Angleterre. La France possède quelques mines de plomb , mais elles ne sont pas assez riches pour être l'objet d'une exploitation.

D. *Qu'est-ce que le mercure ?*

R. Le mercure ou vif-argent est un métal liquide et blanc , très-lourd , et pouvant dissoudre l'or et l'argent.

D. *Quelles sont les principales mines de mercure ?*

R. Les principales mines de mercure sont celles du Pérou, de l'Espagne et du Palatinat.

D. *Qu'est-ce que l'argent ?*

R. L'argent est un métal dur, d'un beau blanc, brillant, malléable, ductile, servant à faire la monnaie, les bijoux et la vaisselle d'argent ; on le trouve à l'état natif , mais ordinairement on le retire de minerais dans lesquels l'argent est combiné avec le soufre ou le chlore.

D. *Qu'est-ce que l'or ?*

R. L'or est un métal jaune , très-ductile, très-lourd ; il n'est pas attaquable, comme l'argent , par l'acide nitrique , mais il se dissout dans l'acide nitro-muriatique. On le trouve toujours à l'état natif, en petites lamelles dans les filons pierreux, ou bien en petites paillettes dans les terrains d'alluvion sablonneux.

D. *Quelles sont les principales mines d'or et d'argent ?*

R. Les principales mines d'argent sont celles

du Pérou et du Mexique. Les mines de l'Europe ne sont pas assez riches pour être exploitées avantageusement. Et celles de l'or sont celles du Brésil et du Chili ; on en a découvert de fort abondantes en Sibérie. La France en possède une à la Gardette , département de l'Isère ; mais elle a été abandonnée. Pour accroître la dureté de l'or , on l'allie au cuivre ou à l'argent ; c'est ainsi que l'on s'en sert dans les monnaies et dans l'orfèvrerie. On se sert en médecine de quelques sels d'or.

D. *Qu'est-ce que le platine ?*

R. Le platine est un métal solide , très-brillant, d'un gris d'acier , malléable , résistant à la plus forte chaleur des fourneaux : c'est le plus pesant de tous les métaux. On le trouve disséminé en parcelles dans les terrains d'alluvion sablonneux du Brésil , au Choco et en Sibérie. On l'emploie dans les arts où sa propriété d'être inattaquable par l'air, le feu et les acides , le rend précieux.

IIIe LEÇON.

SUITE DE LA MINÉRALOGIE.

D. *Qu'est-ce que le quartz ?*

R. Le quartz est une des pierres les plus abondamment répandues dans la nature ; il est remarquable par sa dureté et son infusibilité ; il raie le verre et fait feu sous le briquet : ses variétés sont nombreuses.

D. *Combien de parties distingue-t-on dans le quartz ?*

R. On distingue : 1° le quartz hyalin , qui prend le nom de cristal de roche quand il est transparent : le cristal de roche est souvent coloré par

des matières étrangères ; il prend différens noms :
c'est l'améthyste quand la teinte est violette, la
fausse topaze si elle est jaune, le rubis de Bohême
si elle est rose ; 2° le silex qui comprend la pierre
à fusil et la pierre meulière ; 3° le jaspe, l'agate
et l'opale.

D. *Qu'est-ce que l'œil de chat ?*

R. L'œil de chat est encore un quartz pénétré
dans l'intérieur par des filamens d'amiante, et qui
offre des reflets blanchâtres et nacrés. C'est avec
le sable quartzeux que l'on fabrique le verre en le
fondant avec du varech ou d'autres sels alkalins.

C'est encore le grès quartzeux qui fournit les
pavés, les meules à aiguiser, et même les filtres
des fontaines.

D. *Quelles sont les pierres que l'on distingue
parmi les agates ?*

R. C'est : 1° la calcédoine qui est d'une couleur
bleuâtre ; 2° la cornaline qui est d'une couleur
rouge. Les belles agates reçoivent un poli très-
vif et servent à faire des cachets. Quelques-unes
offrent à leur extérieur la figure de petits arbris-
seaux sans feuilles : on les nomme agates arbo-
risées.

D. *Que remarque-t-on dans les opales ?*

R. parmi les opales on remarque l'opale irisée
qui fournit de beaux reflets de l'arc-en-ciel ou
iris, et l'opale hydrophane qui devient transparente quand on la plonge dans l'eau.

D. *Qu'est-ce que l'aventurine ?*

R. L'aventurine est un quartz brun parsemé de
points brillans.

D. *Qu'est-ce que le corindon ?*

R. Le corindon est le minéral le plus dur après
le diamant.

D. *Combien distingue-t-on de sortes de corindon ?*

R. On en distingue deux sortes : 1° le corindon
grenu férifère, vulgairement appelé émeril ;

2° le corindon hyalin qui comprend toutes les pierres orientales.

D. *Quelles sont les pierres orientales qui proviennent du corindon ?*

R. Ce sont : 1° le rubis oriental, ou corindon hyalin, d'un rouge cramoisi ; 2° la topaze orientale, d'un jaune vif, bien plus précieuse que la topaze ordinaire ; 3° le saphir oriental, d'un bleu d'azur ; 4° l'améthyste orientale, d'un violet pur.

D. *Où trouve-t-on le corindon hyalin?*

R. On trouve le corindon hyalin dans les sables des anciennes alluvions de l'Inde ; on a trouvé quelques cristaux en France, près de la ville du Puy-en-Velay.

D. *Qu'est-ce que le spinelle ?*

R. Le spinelle est un minéral d'une extrême dureté, presque égale à celle du corindon. Les bijoutiers travaillent deux variétés du spinelle.

D. *Quelles sont les deux variétés du spinelle?*

R. C'est le rubis spinelle, d'un rouge ponceau, et le rubis balais, d'un rouge clair : ces deux pierres précieuses se trouvent ordinairement en petits cristaux ; lorsqu'elles passent seize grains, elles valent la moitié du diamant du même poids.

D. *Qu'est-ce que l'émeraude ?*

R. L'émeraude est une substance vitreuse, cristalline, plus dure que le quartz.

D. *Quelle est celle qu'on appelle émeraude du Pérou?*

R. C'est celle qui est d'un vert pur.

D. *Qu'est-ce que l'aigue-marine de Sibérie?*

R. C'est l'émeraude qui est d'un bleu verdâtre.

D. *Qu'est-ce que le béril ?*

R. C'est l'émeraude qui est jaune ou incolore ; elle n'a aucune valeur. La tiare du pape est ornée d'une émeraude du Pérou qui a deux pouces de longueur sur quinze lignes de diamètre : elle est d'une très-grande valeur.

D. *Qu'est-ce que le grenat ?*

R. Le grenat est une pierre d'un aspect vitreux , assez dure pour rayer le quartz. Il y a des grenats verts , bruns , noirs ; mais les plus communs sont rouges et un peu transparens.

D. *Quel est le grenat qui a de la valeur ?*

R. Parmi les grenats, il n'y a que le grenat vermeil qui ait de la valeur; les autres se taillent en perles et en grains à facettes que l'on perce pour en faire des colliers.

D. *Qu'est-ce que la tourmaline ?*

R. La tourmaline est une substance à cassure vitreuse qui s'électrise fortement par la chaleur; elle est ordinairement colorée par les oxides de fer et de manganèse : on en trouve de brunes, de couleur vert-sombre, de couleur bleu-indigo ; mais les plus estimées sont d'un rouge violet.

D. *Qu'est-ce que la turquoise ?*

R. La turquoise est une pierre opaque , d'un bleu céleste et moins dure que le quartz; on en distingue de deux espèces : la turquoise orientale et la turquoise occidentale ; cette dernière n'a que très-peu de valeur.

D. *Qu'est-ce que le lapis-lazuli ?*

R. Le lapis-lazuli est une pierre d'un bleu d'azur opaque , et souvent entremêlée de veines blanches. Quand le lapis est d'un bleu d'azur et sans tache , les bijoutiers le travaillent ; mais son principal usage est de fournir à la peinture la belle couleur appelée bleu d'outremer, qui est presque inaltérable.

D. *Qu'est-ce que le feld-spath ?*

R. Le feld-spath est dur comme le quartz et jouit de la propriété de se fondre au chalumeau en émail blanc ; parmi ses variétés on distingue le feld-spath nacré et le feld-spath opalin, nommé pierre de Labrador : ce sont deux pierres assez belles.

D. *Qu'est-ce que le kaolin ?*

R. Le feld-spath le plus important est celui qui a la consistance terreuse que l'on nomme kaolin. Le kaolin résiste à un feu très-violent ; mais en le mêlant au pétunzé, qui est un feld-spath fusible et qui lui sert de fondant, on obtient la porcelaine que l'on recouvre d'un vernis ou plutôt d'un émail blanc donné par le pétunzé seul.

D. *Qu'est-ce que le mica ?*

R. Le mica est un minéral qui se présente dans la nature en masses lamellées, c'est-à-dire en feuillets minces pouvant facilement se diviser.

D. *Combien distingue-t-on de sortes de micas ?*

R. On en distingue de deux sortes : 1° le mica foliacé, appelé verre de Moscovie, parce qu'en Russie on en fait usage pour tenir lieu de vitres de verres ; 2° la pourdre d'or qui sert à sécher l'écriture et que l'on extrait des sables qui le contiennent.

D. *Qu'est-ce que le talc ?*

R. Le talc est une substance pierreuse qui se rapproche beaucoup des micas par sa forme extérieure ; comme eux il se présente sous la forme de feuillets minces.

D. *A quoi sert le talc écailleux ou craie de Besançon ?*

R. Les tailleurs s'en servent pour tracer leurs coupes sur le drap ; on s'en sert aussi pour faire quelques crayons de pastel : réduit en poudre impalpable, on l'emploie pour préparer le fard qui sert à la toilette des dames, pour faciliter le jeu des machines et pour essayer les bottes neuves.

IVᵉ LEÇON.

SUITE DE LA MINÉRALOGIE.

D. *Qu'est-ce que l'amphibole ?*

R. L'amphibole est une matière dure, capable de rayer le verre, qui fond au chalumeau et donne un émail coloré.

D. *Qu'est-ce que l'amiante ?*

R. L'amiante est une des variétés d'amphibole qui mérite surtout de fixer l'attention. C'est une substance aussi souple que du lin et douée d'une propriété bien remarquable, c'est l'incombustibilité. On en distingue plusieurs, le plus recherché est d'un gris blanc en filamens soyeux et flexibles, que l'on file à la manière du chanvre, en le mêlant à quelques substances végétales que l'on fait disparaître ensuite en les brûlant. L'amiante est incombustible quand on l'expose à la chaleur du foyer, mais il fond au feu du chalumeau. Les anciens appelaient l'amiante lin incombustible ; ils en faisaient des linceuls pour envelopper les cadavres dont ils voulaient recueillir la cendre.

D. *Qu'est-ce que les lampes perpétuelles ?*

R. C'étaient des lampes alimentées par une source de bitume ; elles brûlaient à l'aide des mèches d'amiante.

D. *Qu'est-ce que le calcaire ?*

R. Le calcaire est une des substances le plus abondamment répandues dans la nature. Il se distingue de tous les autres minéraux par la faculté qu'il a de se dissoudre avec effervescence dans les acides.

D. *Qu'est-ce que les stalactites ?*

R. Les stalactites sont des formes multipliées

qui résultent de l'infiltration d'un liquide chargé de particules calcaires à travers les voûtes et les cavités souterraines. Les goutes d'eau s'évaporent, et les particules calcaires forment des aiguilles nommées stalactites.

D. *Qu'est-ce que les stalagmites ?*

R. C'est une partie du liquide qui, en tombant de la voûte sur le sol, y forme des dépôts mamelonnés, nommés stalagmites.

D. *Quel effet produisent les stalagmites ?*

R. Quelquefois ces dépôts prennent de l'accroissement, rejoignent les stalactites qui pendent aux voûtes, et finissent par former de belles colonnes. La grotte la plus célèbre par ses stalactites est celle d'Antiparos dans l'Archipel grec.

D. *Qu'est-ce que le calcaire incrustant ?*

R. C'est celui dont la propriété est d'incruster les objets sur lesquels on le fait tomber en gouttelettes ; on peut citer à ce sujet la fontaine de Saint-Allire à Clermont-Ferrand. On place dans cette fontaine, ou plutôt on expose à l'air libre de petits paniers, des nids d'oiseaux, des grappes de raisin : une petite pluie fine de l'eau de la fontaine tombe sans interruption sur ces objets, et au bout d'un certain nombre de jours on les retire incrustés et tels qu'on les croirait en pierre.

D. *Qu'est-ce que le calcaire lamellaire ?*

R. Le calcaire lamellaire est celui qui renferme le marbre de Paros, le marbre statuaire de Carrare, et le bleu turquin qui est d'un bleu grisâtre.

D. *Qu'est-ce que le marbre proprement dit ?*

R. C'est le calcaire compacte, à grain fin, connu sous le nom de marbre.

D. *Quelles sont les différentes espèces de marbre ?*

R. Parmi les marbres, les uns sont unis, comme le jaune antique, le jaune de Sienne, le rouge antique ; les autres sont veinés, comme la griotte qui est d'un brun foncé avec des taches rouges

comme la cerise griotte ; le marbre Sainte-Anne
dont le fond noirâtre est veiné de gris et de blanc,
et qui est fort joli malgré la modicité de son prix.

D. *Qu'est-ce que la pierre litographique ?*

R. C'est le calcaire compacte jaunâtre à grains
très-serrés ; il est susceptible d'un beau poli : on
en retire de fort bon des carrières de Château-
roux (Indre).

D. *Qu'est-ce que la craie ?*

R. C'est le calcaire crayeux qui, délayé dans
l'eau, fournit une pâte dont on fait le blanc d'Espagne.

D. *Qu'est-ce que la chaux ?*

R. C'est le calcaire grossier qu'on nomme pierre
à chaux : lorsqu'elle est cuite, elle est d'un jaune
sale à grains grossiers et peu susceptible de poli.
Pour convertir la pierre à chaux en chaux vive ,
on la fait calciner en la faisant chauffer fortement
dans un four. Parmi les variétés de la chaux, on
doit remarquer la chaux hydraulique qui a la propriété de durcir sous l'eau sans mélange de ci-
ment ; elle est très-utile dans la construction des
égoûts , des canaux, des latrines , etc.

D. *Qu'est-ce que le spath fluor ?*

R. Le spath fluor est une pierre à cassure vitreuse , plus tendre que le quartz et plus dure
que le calcaire. Le spath fluor d'Angleterre a de
belles veines blanches et violettes ; on en fait des
vases de cheminée.

D. *Qu'est-ce que le gypse ?*

R. Le gypse, ou pierre à plâtre , est une substance très-tendre, susceptible d'être rayée facilement par l'ongle. Le gypse , sousmis à un feu
modéré , perd sa partie aqueuse et se convertit en
une matière blanche et terne qu'on nomme plâtre.
Le plâtre est employé dans l'agriculture comme
amendement ; il est très-utile pour fertiliser les
prairies. En mêlant le plâtre avec de l'eau et de la

colle-forte, on forme une pâte qui devient très-dure et susceptible d'un beau poli, et que l'on nomme stuc. Il existe plusieurs variétés de gypse: la plus remarquable est le gypse compacte dont on fait des vases, des pendules que l'on appelle ordinairement vases et pendules d'albâtre, mais qui ne sont pas en véritable albâtre ; c'est seulement de l'albâtre gypseux. Il existe à Lagny, près de Paris, un albâtre veiné dont on fait des vases, des socles, des pendules, etc.

D. *Qu'est-ce que le sel marin ?*

R. Le sel gomme, ou sel marin, est une substance trop connue pour que nous en fassions ici la description ; on le retire, ou de l'eau de la mer que l'on fait évaporer, ou des bancs qui se rencontrent parmi les argiles salifères. On a découvert à Vic, département de la Meurthe, une mine de sel de gomme très-riche.

Ve LEÇON.

BOTANIQUE.

D. *De quelles parties se composent les végétaux ?*

R. Les végétaux sont composés d'un tissu mou, formé de cellules, puis de tubes creux et transparens, appelés vaisseaux, qui servent à conduire les sucs de la plante ; enfin, de filets solides, nommés fibres, destinés à fournir de la solidité à certains organes.

D. *Les plantes sont-elles des êtres sensibles ?*

R. Non, les plantes sont des êtres organiques, dépourvus de sensibilité, incapables de mouvemens volontaires, et ne pouvant que vivre et se reproduire.

D. *Quels sont les organes de la nutrition et de la reproduction ?*

R. Les organes de la nutrition sont les racines , les tiges et les feuilles. Les organes de la reproduction sont les fleurs , les fruits et les graines.

D. *Comment se nourrissent les plantes ?*

R. Les plantes se nourrissent en partie de l'air qu'elles aspirent par les pores nombreux placés à la surface des feuilles , en partie de l'eau du sol qu'elles reçoivent par les filamens de la racine. A l'exception d'un très-petit nombre, toutes les plantes sont pourvues de racines qui se plongent dans la terre pour y puiser leur nourriture. Quelquefois les racines plongent dans l'eau. La racine n'est pas toujours en proportion avec le végétal auquel elle fournit une partie de la nourriture : les palmiers et les pins ont des racines très-courtes , tandis que la luzerne a des racines considérables.

D. *Quelles sont les racines des plantes employées dans l'économie domestique ?*

R. On emploie beaucoup les pommes de terre, les patates, l'igname , le manioc , le salsifis , les navets , les carottes, les raves ; la betterave qui nous fournit le sucre ; le genêt d'Espagne , l'argoussier, le pin maritime dont les racines s'étendent à de grandes distances et consolident les terrains mouvans , etc.

D. *Dans la médecine ?*

R. En médecine , on distingue les racines fades , telles que la guimauve et le chiendent ; les racines douces, telles que la réglisse ; les racines amères , telles que la salsepareille, la squine, la grande gentiane, la rhubarbe, la chicorée sauvage ; les racines aromatiques, telles que la valériane , la serpentaire de Virginie ; les racines nauséabondes, telles que l'ipécacuanha , l'ellébore , etc.

D. *Dans les arts ?*

R. On emploie des racines pour la teinture , telles que la garance , le curcuma, etc.

D. Comment se divisent les tiges ?

R. Dans un grand nombre de végétaux les filtres se réunissent en tiges ; les tiges se divisent en branches, les branches en rameaux, et sur les dernières ramifications se développent les feuilles.

D. Citez-nous un accroissement extraordinaire de plantes.

R. Certaines plantes croissent avec une telle rapidité, qu'on peut, en quelque sorte, suivre de l'œil les progrès de leur accroissement ; telle est une espèce d'agave qui tapisse les rochers de la Méditerranée, près de Gênes, et qui croît de près d'un pied en un jour : au contraire, la plupart des grands arbres n'acquièrent une hauteur et un diamètre considérables qu'après une longue suite d'années. Le chêne, par exemple, ne croît que très-lentement : on sait qu'il peut vivre 600 ans. Les cèdres du Liban paraissent en quelque sorte indestructibles. Les baobas, qui parviennent à 435 pieds de circonférence, peuvent vivre six mille ans.

D. A quel usage sont employées les tiges ?

R. Les tiges sont employées à un très-grand nombre d'usages. Le chêne, le hêtre, le charme, sont un excellent chauffage ; le chêne et le sapin entrent dans toutes nos constructions de bâtimens ; les bois d'acajou, d'ébène, de citronniers, de santal, servent à la fabrication des grands et des petits meubles ; plusieurs espèces de bois sont employés dans la teinture, tels que le santal, le bois de Campêche, le bois de Brésil, etc.

D. A quel usage sont employées les écorces ?

R. L'écorce, qui constitue la partie extérieure du tronc, offre aussi un grand nombre d'applications aux usages de la vie. C'est avec les écorces du chêne que l'on tanne les cuirs. Le chanvre et le lin, parmi les végétaux, fournissent des cordes et du fil ; les écorces du tilleul , du mûrier à papier, peuvent être travaillées en cordage ; on retire encore de l'écorce des pins, des sapins et des mélèzes , et la térébenthine qui sert à tant d'usages industriels.

D. *D'où provient le sucre de canne ?*

R. La tige du rosée , appelée canne à sucre officinale , fournit le sucre de canne.

D. *Quel usage la médecine tire-t-elle des bois et des écorces ?*

R. Les tiges , les bois et les écorces occupent un des premiers rangs dans la médecine ; on en tire le quinquina, l'écorce de chêne , la canelle , le gaïac et d'autres médicamens qui jouissent d'une réputation méritée.

D. *Quelles fonctions remplissent les feuilles*

R. Les rameaux des végétaux sont garnis de feuilles, lesquelles, organe de la respiration et de l'évaporation , servent à absorber les parties fluides de l'atmosphère , utiles à la végétation de la plante, et à exhaler les parties fluides qui leur sont inutiles. On distingue dans les feuilles les nervures et les faces : les nervures en sont les petits rameaux et en forment, pour ainsi dire, la carcasse ; la face supérieure est lisse , vernissée , et paraît destinée à protéger la face inférieure qui est d'une couleur moins foncée et souvent couverte de poils et de duvets.

D. *Comment se divisent les feuilles ?*

R. Les feuilles prennent différens noms , selon leur forme : les unes sont appelées dentées quand leur bord est coupé à dents ; digitées quand la feuille se sépare en espèces de doigts , comme dans le platane, etc. Les feuilles naissent sur la tige dans un ordre déterminé ; tantôt elles sont disposées en spiral, tantôt elles sont disposées en verticilles, c'est-à-dire circulairement ou en anneaux horizontaux. On remarque même que les feuilles verticillées ont une tendance à être alternes, c'est-à-dire dans un ordre opposé; aussi ne trouve-t-on jamais deux feuilles immédiatement super-posées dans le sens longitudinal de la plante.

D. *Qu'entendez-vous par cotylédons ?*

R. Les premières feuilles que l'on observe à la naissance d'une plante, s'appellent cotylédons : or, les cotylédons sont alternes ou verticillés. Lorsqu'ils sont alternes, la feuille inférieure, mieux favorisée dans son développement, se nomme seule cotylédons; placés sur le même anneau, ils pren-nent un égal accroissement, et reçoivent tous les deux le nom de cotylédons.

D. *Quelle est la grande division des végétaux ?*

R. Ce sont les monocotylédons , c'est-à-dire ceux dont la graine a un seul cotylédon (ou plus généralement a des cotylédons alternes), et les di-cotylédons, c'est-à-dire ceux dont la graine a deux cotylédons (ou plus généralement a plu-sieurs cotylédons verticillés).

D. *Comment se reproduisent les végétaux ?*

R. Ils se reproduisent par propagation ou par génération.

D. *Quels sont les principaux procédés de la pro-pagation des végétaux ?*

R. Ce sont la marcotte, la bouture et la greffe.

D. *Qu'est-ce que la marcotte ?*

R. C'est une opération par laquelle on enveloppe de terre une jeune branche, afin de lui faire pous-ser des racines et de la détacher ensuite de sa tige ; le produit de l'opération se nomme marcotte ou provin.

D. *Qu'est-ce que la bouture ?*

R. C'est une opération par laquelle on détache la branche du plant avant de la fixer en terre. La bouture réussit très-bien pour le peuplier noir, l'osier, le saule, etc.

D. *Qu'est-ce que la greffe?*

R. C'est une opération au moyen de laquelle on fait servir à la nourriture d'un rameau privilégié, nommé greffe, bourgeon ou scion, toute la sève d'un tronc, que l'on nomme sujet.

D. *Combien y a-t-il d'espèces de greffes?*

R. Il y en a trois : la greffe par approche, la greffe en fente, et la greffe en écusson.

D. *Qu'est-ce que la greffe par approche?*

R. La greffe par approche consiste à rapprocher par des incisions deux rameaux tenant chacun à leurs pieds enracinés. On greffe au moment où la sève monte, on réunit les plaies, on lie ensemble deux individus, et on recouvre la greffe avec de la bouse de vache ; quand la soudure est complète, on coupe le sujet au-dessus d'elle, et la greffe au-dessous.

D. *Qu'est-ce que la greffe en fente?*

R. La greffe en fente consiste à couper la tête du sujet et à y pratiquer une fente dans laquelle on introduit une greffe de deux ans, munie de deux ou trois yeux ; on enveloppe la plaie avec de la poix ou de la bouse de vache.

D. *Qu'est-ce que la greffe en écusson?*

R. La greffe en écusson s'opère au moyen de l'écorce ; on enlève avec le greffoir une portion d'écorce d'un pouce, au milieu de laquelle se trouve un œil ; on pratique sur le sujet une opération semblable, et l'on assujettit la greffe sur le sujet au moyen de liens et de bandes de linges que l'on recouvre de bouse de vache.

D. *Quelles sont les occupations relatives à l'agriculture, qui ont lieu dans le mois de janvier?*

R. On s'occupe à couper du bois, à porter de la terre dans les vignes, à nettoyer les arbres fruitiers du gui qui les épuise ; on fume ceux qui languissent, on étend les engrais sur les prairies, on apprête les échalas pour les vignes.

D. *Quelles sont celles du mois de février?*

R. On fume les champs et les prés, les jardins et les couches ; on coupe du bois, on décharge les arbres des chenilles, on taille la vigne, on plante de grandes fèves, après les avoir fait tremper dans du jus de fumier ; on sème de l'avoine, des pois et des graines de choux.

VIe LEÇON.

SUITE DE LA BOTANIQUE.

D. *Qu'est-ce que la graine ?*

R. C'est ce qui donne lieu à la génération qui s'opère dans les végétaux par les fleurs et les fruits.

D. *Quelles sont les parties constitutives de la fleur ?*

R. La fleur renferme les organes de la génération. La fleur comprend ordinairement : 1° le calice ; 2° la corolle ; 3° les étamines ; 4° le pistil. Nous avons dit ce que la fleur comprend ordinairement, parce qu'il y a des fleurs qui n'ont qu'un sexe ou qui manquent de calice ou de corolle. On les nomme fleurs incomplètes.

D. *Qu'est-ce que le calice ?*

R. Le calice est l'enveloppe la plus extérieure. Il est d'une pièce, et on l'appelle monopétale ; ou il est de plusieurs pièces, et on l'appelle polypétale.

D. *Qu'est-ce que la corolle ?*

R. La corolle est cette partie de la fleur qui est soutenue par le calice ; elle est ordinairement colorée. Quand elle est composée d'une seule pièce, on la nomme monopétale ; quand elle est composée de plusieurs pétales, on la nomme polypétale. La corolle prend différens noms, selon la disposition de ses pétales ; elle est crucifère, quand

les quatre pétales sont disposées en croix ; rosa-
cée, quand les pétales sont disposées comme dans
l'œillet ; papillonacée, quand les pétales sont
disposées en ailes de papillon , comme dans la
pensée.

D. *Qu'est-ce que l'étamine ?*

R. L'étamine est l'organe mâle ; elle se compose de trois parties : 1° de l'anthère, petit sac
membraneux qui renferme le pollen ; 2° du pollen ou poussière fécondante : c'est un amas de
petites coques dont chacune contient un liquide
de nature visqueuse ; 3° du filet : c'est un support
filamenteux sur lequel l'anthère est attachée.
Quelquefois le filet se développe en membrane ,
et les étamines se transforment en pétales; la
fleur est alors appelée fleur double.

D. *Qu'est-ce que le pistil?*

R. Le pistil est l'organe femelle. On y distingue
trois parties principales : 1° le stigmate, sorte
de corps visqueux qui reçoit le pollen au moment
de la fécondation ; 2° le style qui sert à élever le
stigmate à une hauteur favorable à la génération ;
3° l'ovaire qui est le renflement de la partie inférieure du pistil, qui est destiné à recevoir les
ovules ou principes des jeunes graines. Les fleurs
sont disposées sur leur tige, tantôt en épis, tantôt en grappes, en piramydes, en corymbes, en
ombelles. Elles sont quelquefois supportées par
une queue : on les nomme pédonculées; quelquefois elles s'attachent directement à la tige ou
aux branches, et on les nomme sessiles.

D. *Comment s'opère la fécondation des fleurs ?*

R. La fécondation des fleurs s'opère à l'aide du
pollen ou poussière fécondante qui est lancée sur
l'anthère, sur le stigmate, y pénètre et descend
dans l'ovaire où elle féconde les ovules qui y sont
contenues. Si les sexes sont séparés, l'air est le
véhicule du pollen ; quand les ovules sont fécon-

dées, la fleur se fane, les étamines et la corolle disparaissent, et la fructification commence.

D. *Qu'est-ce que le fruit ?*

R. On nomme fruit tout ovaire fécondé, accru, et parvenu à maturité. Le fruit est simple quand il n'est composé que d'un seul ovaire ; il est alors ir-régulier, comme la cerise. On nomme fruits multi-ples ceux qui proviennent de plusieurs parties iso-lées de l'ovaire, comme la fraise, la framboise, etc.

D. *Quelles sont les parties constituantes du fruit ?*

R. Les parties constituantes du fruit sont le pé-ricarpe et la graine. Le péricarpe est la partie ex-térieure du fruit qui se compose de trois parties : 1° de l'épicarpe, c'est-à-dire de l'épiderme qui recouvre la chair du fruit, comme dans la pêche, la poire, etc. ; 2° de l'endocarpe ou partie du fruit qui contient les graines et les pépins ; 3° du sarcocarpe : c'est la partie charnue que l'on mange dans la pêche, l'abricot, la poire, la pomme, etc.

D. *Quelles sont les fonctions des fruits ?*

R. Les fonctions des fruits sont de reproduire le végétal qui leur a donné naissance au moyen de la germination. La graine commence à se gon-fler et ses enveloppes se ramollissent. Bientôt les enveloppes se rompent ; l'embryon se développe sous le nom de plantule, une partie se dirige vers la lumière et sert à former la tige, et l'autre s'en-ferme en terre pour former la racine. Quelque-fois les cotylédons se développent au-dessus de la terre, et alors on les nomme cotylédons épi-gés ; ou ils se développent au-dessous de la surface et bientôt s'y flétrissent, on les nomme alors co-tylédons hypogés ; plus tard les folioles se dérou-lent et prennent le caractère de feuilles, tandis que les racines se développent et se divisent en rameaux. Pour que la graine germe, il faut qu'elle soit mûre, qu'elle ne soit pas trop ancienne.

et qu'elle soit vivifiée par l'action de l'air, de l'eau et de la chaleur.

D. *Combien connaît-on d'espèces de végétaux en botanique.*

R. On en connaît plus de 60,000; il serait impossible de les connaître et de les distinguer si l'on n'en formait des groupes plus ou moins ressemblans. En comparant les végétaux entr'eux, on s'est aperçu que plusieurs offraient des caractères semblables. Chacun de ces végétaux est un individu, et la réunion des individus semblables a composé une espèce avec ses variétés.

Combien connaît-on en botanique de méthodes de classification?

On en connaît trois : celle de Tournefort, celle de Linnée, et celle de Jussieu.

D. *Donnez une idée de la méthode de Tournefort.*

R. Cette méthode comprend vingt-deux classes basées en général sur la disposition de la corolle. On reproche à cette méthode d'avoir séparé des végétaux qui appartiennent souvent au même genre.

D. *Donnez une idée de la méthode de Linnée.*

R. Linnée a composé le nom de chaque plante de deux mots, l'un substantif et l'autre adjectif : le substantif est le nom du genre, le nom générique, et l'adjectif indique les particularités de l'espèce, c'est le nom spécifique. Par cette ingénieuse combinaison, le nombre immense des noms de plantes se trouve considérablement réduit. Cette méthode est simple et méthodique, elle est fondée sur les caractères des étamines et des pistils. Les classes sont établies d'après les étamines, les subdivisions le sont en général d'après les pistils. Ce système cependant ne permet pas toujours de déterminer facilement si une plante appartient à telle ou telle classe.

D. *Donnez une idée de la méthode de Jussieu modifiée par de Candolle.*

R. La méthode de MM. Laurent et Bernard de Jussieu consiste à diviser les végétaux en familles naturelles, c'est-à-dire en groupes qui se ressemblent par un grand nombre de points communs; tels que les labiées, les crucifères, les ombellifères, les légumineuses, etc. Cette méthode comprend trois grandes divisions subdivisées en quinze classes, qui se composent d'un nombre plus ou moins considérable d'ordres ou de familles naturelles. Chaque famille est partagée en un certain nombre de genres, et chaque genre comprend un nombre plus ou moins grand d'espèces.

D. *Sur quoi reposent ces trois grandes divisions?*

R. Elles reposent sur la structure de l'embryon. L'embryon n'a point de cotylédons, ou il en a un, ou il en a deux : de là les trois grandes divisions de plantes acotylédones (sans cotylédons). monocotylédones (à un seul cotylédon), dicotylédones (à deux cotylédons).

D. *Quelles sont les plantes qui forment la première classe et la première famille?*

R. Ce sont les acotylédones, c'est-à-dire celles qui n'ont point de cotylédon.

D. *Quelles sont les plantes de la seconde famille?*

R. Ce sont les monocotylédones à étamines. Elles forment trois classes: 1° celles à étamines hypogynes, c'est-à-dire dont les étamines sont insérées sous l'ovaire, qui forment la 2ᵐᵉ classe ; 2° les périgynes, celles dont les étamines sont insérées sous le calice ; elles forment la 3ᵐᵉ classe ; 3° les épigynes qui sont celles dont les étamines sont insérées sur l'ovaire; elles forment la 4ᵐᵉ classe.

D. *Quelles sont celles de la troisième famille et combien de classes forment-elles?*

R. Ce sont les dicotylédones à fleurs monoclines.

qui forment sept classes, trois genres et dix variétés.

D. *Quelles sont celles du premier genre?*

R. Ce sont celles qui sont à pétales à étamines,
c'est-à-dire sans corolle; elles forment trois variétés.

D. *Quelles sont ces trois variétés ?*

R. Ce sont les épigynes, les périgynes, les hy-
pogynes; elles forment la 5e, la 6e, la 7e classe.

D. *Quelles sont celles du second genre?*

R. Ce sont les monopétales, c'est-à-dire celles
dont la corolle est d'une seule pièce; elles forment
quatre variétés.

D. *Quelles sont ces quatre variétés?*

R. Ce sont: 1° les hypogynes qui forment la 8^e
classe; 2° les périgynes qui forment la 9e; 3° les
épigynes à anthères réunies, qui forment la 10e;
4° et les épigynes à anthères distinctes, qui forment
la 11e.

D. *Quelles sont celles du troisième genre de la troisième famille?*

R. Ce sont les polypétales à étamines; elles
forment trois variétés: les épigynes forment la
12e classe; les hypogynes forment la 13e, et les
périgynes forment la 14e.

D. *Quelles sont les plantes de la quatorzième
famille?*

R. Ce sont les dicotylédones dont les fleurs sont
unisexuelles et séparées sur des pieds différens;
Jussieu les appelle diclines, elles forment la 15^e
classe.

TABLEAU SYNOPTIQUE DES PLANTES,

D'APRÈS JUSSIEU.

PLANTES					
Acotylédones					1re class.
Monocotylédones à étamines	hypogynes				2e class.
	périgynes				3e class.
	épigynes				4e class.
Dicotylédones à fleurs monoclines.	à pétales à étam.	épigynes			5e class.
		périgynes			6e class.
		hypogynes			7e class.
	Monopétales à corolles	hypogynes			8e class.
		périgynes			9e class.
		épigynes à anthères	réunies.		10e class.
			distinctes.		11e class.
	Polypétales à étamines	épigynes			12e class.
		hypogynes			13e class.
		périgynes			14e class.
Diclines, ou unisexuelles variées.					15e class.

D. *Quel travail est nécessaire à l'agriculture dans le mois de mars?*

R. On continue dans ce mois à tailler la vigne, on lui donne le premier labour, et on commence à fossoyer. On prépare les champs pour semer l'avoine, l'orge et les pois; on transplante et on greffe les arbres, on met le jardin en bon état, on replante les choux pommés et les choux de Milan; on sème différentes sortes de jardinage, et on peut soutirer les vins.

D. *Quel est celui qui est nécessaire au mois d'avril?*

R. On continue à fossoyer les vignes, on y porte le fumier nécessaire; on sème encore de l'orge et de l'avoine; on sème aussi du chanvre et du lin; on greffe les pommiers et les poiriers; on sème carottes, choux-fleurs, raves, courges, concombres, laitues, etc. On plante les pommes de terre et les haricots.

D. *Avant de parler des plantes qui composent ces quinze classes, faites-nous connaître quelques particularités sur les plantes en général.*

R. La lumière exerce une action sensible sur les végétaux ; c'est elle qui donne la couleur verte à leurs feuilles ; elle augmente leur odeur et leur saveur. Les plantes qui croissent à l'ombre pâlissent et s'étiolent ; leur saveur s'affaiblit, ainsi qu'on le voit dans le *céleri* et la *chicorée* qu'on élève à l'ombre pour en diminuer l'amertume. La matière résineuse qui colore en vert les feuilles, est appelée *chlorophylle* par les chimistes.

D. *Les lumières donnent-elles aux plantes une couleur uniforme ?*

R. Non ; la manière dont les plantes réfléchissent les rayons lumineux, donne à leurs feuilles des nuances variées ; il n'y en a peut-être pas deux dans la nature dont la couleur soit parfaitement la même. Quand elles se colorent par maladie, on dit qu'elles sont panachées, mais ces maladies ne sont pas héréditaires.

D. *D'où provient l'accroissement des plantes ?*

R. De l'absorption de l'air atmosphérique. Les feuilles peuvent être considérées comme autant de racines aériennes qui ont la propriété de puiser dans l'atmosphère, par voie d'absorption, une partie des élémens nécessaires à l'accroissement des plantes ; elles ont en outre pour fonction d'excréter le superflu des liquides par la transpiration.

D. *Les feuilles transpirent donc ?*

R. Oui, les feuilles transpirent principalement par leur surface supérieure, qui est lisse, d'une consistance serrée et recouverte d'une espèce de vernis ; leur transpiration est très-considérable. On a remarqué que celle qui se fait le jour est salubre, et que celle qui a lieu pendant la nuit est dangereuse.

D. *N'y a-t-il pas des feuilles qui exercent des mouvemens ?*

R. Il y en a qui se meuvent spontanément ; d'autres ne se meuvent que quand on les touche ;

il y en a qui n'ont pas la même position la nuit que le jour; elles se ferment et semblent s'endormir le soir, pour s'ouvrir et se réveiller le matin. Ces mouvemens se remarquent surtout dans les *légumineuses*.

VIIe LEÇON.

SUITE DE LA BOTANIQUE.

D. Quelles sont les plantes qui font partie de la 1re *classe?*

R. Ce sont les algues, les champignons, les lichens, les fougères : les plantes de cette classe sont d'une organisation simple, elles croissent à la surface de la terre humide ou sur l'eau.

D. Que produit la famille des algues ?

R. La famille des algues produit: 1° la mousse de Corse, excellent vermifuge (remède contre les vers). Cette plante est amère, nauséabonde; 2° les fucus ou varechs qui viennent sur les rochers, et dont on extrait la soude en les brûlant.

D. Qu'est-ce que les champignons?

R. Les champignons sont des plantes terrestres de consistance gélatineuse et charnue, qui croissent dans les lieux humides et couverts; ils se composent d'un chapeau soutenu par un pédoncule. Quelques-uns sont un poison très-actif.

D. Quels sont les principaux genres de champignon?

R. Les principaux genres sont les agarics, champignons charnus en forme de parasol : le chapeau est garni en dessous de feuillets rayonnans; les champignons de couche qui sont une espèce d'agaric ; les bolets, dont une espèce, le bolet amadouvier, donne l'amadou: pour le préparer on coupe ce champignon par tranches, on le trempe dans une dissolution de nitrate de potasse et on le fait sécher. Les truffes sont des champignons charnus, tuberculeux, qui vivent sous terre et dont la truffe comestible est une espèce. Les urédos, simples poussières végétantes, qui naissent sous l'épiderme des plantes, et causent souvent leur mort : ces productions parasites sont appelées par les agriculteurs charbon, nielle, carie, etc.

D. Qu'est-ce que les lichens ?

R. Les lichens sont des plantes qui vivent sur l'écorce de certains arbres et sur les rochers ; les principaux genres sont : le lichen d'Islande qui contient un principe amer ; on l'emploie comme tonique : le lichen pulmonaire vient sur l'écorce du chêne, il est amer et sert aussi comme tonique.

D. Qu'est-ce que les fougères ?

R. Les fougères, dont les tiges sont rampantes et vivaces, comprennent : le capillaire qui sert à composer le sirop de ce nom, employé dans les affections de poitrine, et la fougère mâle, employée comme vermifuge.

D. Quelles sont les plantes qui font partie de la 2e classe ?

R. Ce sont le poivre, les graminées, le froment, le seigle, l'orge, l'avoine, le chiendent, la canne à sucre, le riz, le maïs.

D. Qu'est-ce que le poivre ?

R. Le poivre est un arbuste qui croît dans l'Inde ; les baies desséchées et noirâtres ont une odeur très-piquante : le poivre est employé sur nos tables comme excitant. Le poivre long est une espèce particulière qui a des effets analogues.

D. Que comprend la famille des graminées ?

R. Cette grande famille naturelle comprend tous les végétaux connus sous le nom de céréales, d'herbes, de gazon ; la tige est un chaume creux, cylindrique, entrecoupée de nœuds d'où partent les feuilles engaînantes et alternes.

D. Quels sont les principaux genres de graminées ?

R. C'est le froment ou blé, qui sert à faire le pain ; c'est le plus généralement répandu pour la nourriture de l'homme ; le seigle, l'orge, qui, joints au houblon, servent à la fabrication de la bière. L'orge perlé est l'orge privé de son écorce et arrondi par une action mécanique. L'avoine sert à la préparation du gruau.

D. *Qu'est-ce que le chiendent ?*

R. C'est une plante vivace, d'une saveur farineuse et légèrement sucrée, qui donne un mucilage dont l'eau bouillante s'empare facilement : il est employé comme diurétique (poussant aux urines) et comme adoucissant.

D. *Qu'est-ce que la canne à sucre ?*

R. La canne à sucre (*saccharum officinale*) est originaire de l'Inde, d'où elle a été transportée en Amérique ; sa tige, haute de dix à douze pieds, soumise à la pression, donne un suc qui s'épaissit et prend la consistance de sirop d'abord, et ensuite de moscouade que l'on raffine pour en faire le sucre blanc dont on fait tant d'usage. Le rhum ou eau-de-vie de sucre est un de ses produits.

D. *Qu'est-ce que le riz ?*

R. Le riz, plante originaire de l'Inde et cultivée dans le midi de l'Europe, est employé comme aliment et comme boisson émolliente. Le maïs ou blé de Turquie vient de l'Inde ; il est cultivé dans le midi de la France : sa farine sert d'aliment, on en fait d'excellentes patisseries et des gaudes ou bouillies fort en usage en Bourgogne.

D. *Quelles sont les plantes qui font partie de la 3ᵉ classe ?*

R. Ce sont le palmier, l'asperge, la salsepareille, la squine, le lis, l'ail, l'aloès, le safran.

D. *Que renferme la famille des palmiers ?*

R. La famille des palmiers renferme les arbres les plus grands et les fruits les plus utiles à l'homme : on y remarque le dattier qui donne des fruits sucrés, nommés dattes, et qui vient en Egypte et dans l'Inde; le sagoutier dont la moëlle fournit une fécule nommée sagou, très-favorable aux estomacs délicats; le cocotier dont on mange le fruit ou coco, qui renferme un lait très-sucré : c'est de certains palmiers que l'on retire par la fermentation un vin de palme, qui, distillé, donne une eau de-vie-nommée rack.

D. *Qu'est-ce que l'asperge ?*

R. L'asperge est un légume excellent, employé en médecine comme opératif. Les meilleures croissent dans un terrain sableux.

D. *Qu'est-ce que la salsepareille ?*

R. La salsepareille est une plante originaire d'Amérique; la plus estimée est celle qui vient du Pérou : c'est un puissant sudorifique qui est très-employé en médecine. La squine, originaire de la Chine, est employée comme la salsepareille; la racine est inodore, mais la saveur en est acerbe.

D. *Qu'est-ce que le lis ?*

R. Le lis est employé pour faire des cataplasmes servant à mûrir les tumeurs. La tulipe et la jacinthe sont de la famille des liliacées, ainsi que l'ail, l'ognon, l'échalote et le poireau; l'ail est employé en médecine comme vermifuge. L'aloès, plante vivace d'Afrique, contient un suc épais qui est employé en médecine comme tonique amer, et à plus forte dose comme purgatif très-énergique.

D. *Qu'est-ce que le safran ?*

R. Le safran, de la famille des irridées, est originaire de l'Orient, on le cultive en France; les stigmates ou sommet du pistil sont employés en médecine sous le nom de safran : c'est un emménagogue et un antispasmodique, remède contre les convulsions et les spasmes.

D. *Quelles sont les plantes qui font partie de la 4e classe ?*

R. Ce sont le gingembre, l'arrow-root, la vanille, le salep.

D. *Qu'est-ce que le gingembre?*

R. C'est une plante originaire de l'Inde ; sa
racine a des propriétés médicales connues : il
pousse aux urines, aide la digestion et provoque
l'appétit; c'est un excellent carminatif.

D. *Quelle vertu a l'arrow-root?*

R. On extrait de l'arrow-root une fécule analogue à celle des pommes de terre, et qui est très-
employée comme aliment pour les jeunes enfans et
les estomacs débiles.

D. *Qu'est-ce que la vanille?*

R. C'est un arbrisseau d'Amérique, dont on
emploie les fruits; ce sont des gousses de huit à
dix pouces de longueur, remplies de graines
noires : la vanille parfume délicieusement le chocolat, les liqueurs et les crêmes.

D. *Qu'est-ce que le salep?*

R. C'est une racine farineuse, d'une digestion
très-facile, et qui est très-estimée des Turs et des
Persans ; c'est une nourriture très-saine et très-
légère, qui convient dans les convalescences.

D. *Quelles sont les plantes qui font partie de la
5e classe?*

R. Ce sont l'aristoloche et la serpentaire de
Virginie.

D. *Qu'est-ce que l'aristoloche?*

R. C'est une plante dont le calice est coloré, en
tube monophylle, renflé à la base, à limbe dilaté.
ordinairement en languettes obliques, 6 anthères
sessiles sur le pistil au-dessous du stigmate qui a
6 divisions; capsule avoïde polysperme, à 6 loges.
40 espèces.

D. *Qu'est-ce que la serpentaire de Virginie?*

R. C'est une plante d'Amérique, dont la racine
est employée comme excitant.

D. *Quelles sont les plantes qui font partie de la
6e classe?*

R. Ce sont l'oseille, la patience, la rhubarbe, la canelle et le camphre.

D. *Qu'est-ce que l'oseille?*

R. C'est un aliment très-sain, que l'on mêle avec la poirée, le cerfeuil et la laitue. Mangée seule, elle occasionne des maux d'estomac et trouble la digestion. On tire de l'oseille un sel qui enlève les taches d'encre sur les étoffes blanches.

D. *Qu'est-ce que la patience?*

R. C'est une racine d'une saveur âcre et amère, qui paraît agir fortement sur la peau.

D. *Qu'est-ce que la rhubarbe?*

R. C'est une plante originaire de la Chine, dont on emploie la racine, qui est à la fois tonique et purgative : la rhubarbe indigène a beaucoup moins d'efficacité que celle de la Chine.

D. *Qu'est-ce que la canelle?*

R. C'est l'écorce d'un arbre des Indes orientales (*laurus cinnamomum*). On en distingue de deux sortes: la canelle de Ceylan, d'une couleur jaune rougeâtre, d'une odeur suave, d'une saveur chaude et sucrée ; la canelle de la Chine, plus foncée en couleur et plus active. La canelle convient aux vieillards et à ceux qui ont des digestions pénibles: on l'emploie dans certaines préparations alimentaires.

D. *Qu'est-ce que le camphre?*

R. C'est une huile que l'on retire du camphrier (*laurus camphora*), arbre qui croît en Asie. On emploie le camphre dans les préparations de pharmacie; il agit sur le système nerveux.

La septième classe n'offre que des plantes sans usage.

D. *Quel travail est nécessaire à l'agriculture dans le mois de mai?*

R. On continue à faire la feuille dans les vignes. on sarcle les blés, ou rame les pois qui sont forts. on plante des concombres, des haricots et des pois sucrés, on replante du céleri dans des planches ; on renouvelle les vieux plants d'artichaux par des œilletons. On sème du chanvre et du lin.

D. *Quel est celui qui est nécessaire au mois de juin ?*

R. On doit ébourgeonner et lier les vignes, et commencer à leur donner le second labour ; on fauche les prés et on fane les foins. On sème de la laitue et de la chicorée pour replanter les différentes sortes de choux ; on rame des haricots, on sème des raves et des raiforts.

VIIIe LEÇON.

SUITE DE LA BOTANIQUE.

D. *Quelles sont les plantes qui font partie de la 8e classe ?*

R. Ce sont la digitale pourprée, le romarin, la mélisse, la bourrache, la grande consoude, le jalap, la pomme de terre, la jusquiame, le tabac, la manne.

D. *Qu'est-ce que la digitale pourprée ?*

R. C'est une plante bisannuelle dont on emploie les feuilles. On retire de ces feuilles desséchées une poudre qui agit sur le système nerveux, et qui, employée à haute dose, est un poison violent.

D. *Qu'est-ce que le romarin ?*

R. C'est un arbuste toujours vert, dont on emploie les feuilles et les fleurs en médecine, comme excitant à l'intérieur, et comme résolutif à l'extérieur. Le thym ou le serpolet fortifie le cerveau et aide la digestion ; c'est pour ces qualités qu'il sert dans la cuisine. La lavande est une plante vivace, indigène, dont on emploie les sommités

fleuries : c'est un stimulant employé dans les fièvres nerveuses.

D. *Qu'est-ce que la mélisse ?*

R. C'est une plante vivace, du midi de la
France, avec laquelle on fait une eau antispasmodique. La menthe, dont une espèce, la menthe poivrée, est originaire d'Angleterre, a une
odeur agréable et pénétrante : on en fait des
pastilles estimées comme excitant la digestion.

D. *Qu'est-ce que la bourrache ?*

R. C'est une plante bisannuelle, indigène,
connue comme sudorifique.

D. *Qu'est-ce que la grande consoude ?*

R. C'est une plante vivace dont on emploie la
racine et les feuilles; c'est un émollient utile
dans les hémorrhagies.

D. *Qu'est-ce que le jalap ?*

R. C'est une plante d'Amérique, dont on emploie la racine comme purgatif.

D. *Qu'est-ce que la pomme de terre ?*

R. Cette plante, de la famille des solanées, est
originaire du Pérou. C'est un tubercule précieux,
qui offre un aliment à l'homme et aux animaux,
et qui sert à préparer l'amidon, l'alcool et le sucre. L'aubergine est une variété de la pomme de
terre; on la mange en salade dans le midi. La
tomate, ou pomme d'amour, en est encore une
autre variété.

D. *Qu'est-ce que la jusquiame ?*

R. C'est une plante annuelle, indigène, dont
on emploie les graines et les feuilles. La jusquiame exhale une odeur fétide. On l'emploie comme
narcotique (assoupissant).

D. *Qu'est-ce que le tabac ?*

R. C'est une plante originaire de l'Inde, cultivée en France, et dont on emploie les feuilles.
Ces feuilles ont une odeur désagréable quand
elles sont fraîches; mais quand elles ont subi un

commencement de fermentation , leur odeur devient piquante et agréable : on les met en carottes
que l'on râpe pour faire le tabac en poudre.

D. *Qu'est-ce que la manne ?*

R. C'est une substance qui coule d'un arbre
appelé frêne (*fraximus ormus*). On facilite l'é-
coulement en faisant des incisions à l'écorce. On
distingue , dans le commerce , plusieurs espèces
de manne : la manne en larmes, qui est la plus
pure, en morceaux arrondis , séparés et solides ;
la manne en sorte, préférable comme purgatif.
Les larmes sont soudées par une pâte noire. La
manne est très-employée en médecine.

On trouve encore dans cette classe la gentiane,
employée comme fébrifuge , la petite centaurée
dont les fleurs sont employées comme stomachique et fébrifuge. La noix vomique est une noix
qui vient sur un arbre de l'Inde , et dont l'effet
est très-énergique : elle excite des vomissemens
et cause même la mort quand on la prend à
haute dose.

D. *Quelles sont les plantes qui font partie de la*
9e classe?

R. Ce sont le benjoin et la lobélie.

D. *Qu'est-ce que le benjoin ?*

R. C'est un baume qui a une odeur suave et
qui coule, au moyen d'incisions, de l'écorce du
styrax-bensoe , arbre qui croît à Java et dans
l'Inde. Le benjoin est très-employé dans la par-
fumerie.

D. *Qu'est-ce que la lobélie?*

R. C'est une racine d'une plante originaire d'A-
mérique; elle a une grande puissance sudorifique.

D. *Quelles sont les plantes qui font partie de la*
10me classe?

R. Ce sont la camomille , le pyrèthre , l'absinthe , l'estragon , le semen-contra, l'arnica , l'au-

née, la laitue, le pissenlit, la chicorée , la valériane, le quinquina, le café, l'ipécacuanha.

D. *Qu'est-ce que la camomille?*

R. C'est une plante annuelle et indigène, répandant une odeur aromatique, forte, mais agréable ; elle est employée en infusion , comme tonique-stimulant. Sa saveur est amère. Il y a aussi la camomille puante, qui est une plante indigène, d'une odeur aromatique désagréable, qui est employée dans les maladies nerveuses.

D. *Qu'est-ce que le pyrèthre?*

R. C'est une plante vivace, des climats chauds. dont on emploie la racine. La saveur de cette racine est piquante et âcre. Le pyrèthre sert dans les maux de dents ; il excite la salivation.

D. *Qu'est-ce que l'absinthe ?*

R. C'est une plante indigène, vivace, dont on emploie les feuilles ; elles sont aromatiques , vermifuges et facilitent la digestion. On en compose des liqueurs estimées.

D. *Qu'est-ce que l'estragon ?*

R. C'est une plante vivace, d'une saveur piquante, que l'on emploie comme assaisonnement.

D. *Qu'est-ce que le semen-contra ?*

R. C'est un arbuste d'Arabie et de l'Inde, dont on emploie les graines comme vermifuge très-efficace.

D. *Qu'est-ce que l'arnica ?*

R. C'est une plante indigène, à racines vivaces, que l'on emploie ainsi que les fleurs. L'arnica agit sur le système nerveux. On en fait des infusions qui sont très-bonnes après une chute ou un choc violent.

D. *Qu'est-ce que l'aunée ?*

R. C'est une plante indigène dont on emploie la racine ; c'est un tonique légèrement sudorifique.

D. Qu'est-ce que la laitue ?

R. C'est une plante dont on emploie les feuilles comme aliment. A l'époque de la fructification, la laitue contient un suc blanc et laiteux qui jouit de propriétés narcotiques prononcées.

D. Qu'est-ce que le pissenlit ?

R. C'est une plante vivace des prés. Le pissenlit est tonique et dépuratif.

D. Qu'est-ce que la chicorée ?

R. C'est une plante bisannuelle , indigène ; elle a une saveur amère assez intense , surtout lorsqu'elle est sauvage. On l'emploie dans les obstructions du foie.

D. Qu'est-ce que la valériane ?

R. C'est une plante vivace , indigène , dont on emploie la racine en médecine; elle a une action marquée sur le cerveau. On l'emploie dans les maladies nerveuses et comme fébrifuge.

D. Qu'est-ce que le quinquina ?

R. C'est un arbre du Pérou, dont on emploie l'écorce. On en connaît plusieurs espèces : le jaune, le rouge, l'orangé, le blanc, le gris : c'est un des meilleurs médicamens fébrifuges. On retire du quinquina rouge et jaune un alcali végétal nommé quinine, qui jouit des propriétés du quinquina à un degré bien plus élevé.

D. Qu'est-ce que le café ?

R. C'est la graine du cafier , arbrisseau originaire d'Arabie, et que l'on a transporté en Amérique, à St-Domingue, à la Martinique, à Bourbon. On raconte que des bergers, ayant remarqué que leurs chèvres étaient plus gaies après avoir mangé de la graine du cafier, en propagèrent l'usage. Le café excite dans le sang un léger mouvement de fermentation , et en rend la circulation plus active.

D. Qu'est-ce que l'ipécacuanha ?

R. C'est un arbuste du Pérou , dont on emploie les racines : il agit comme vomitif.

La 11e classe ne renferme que des plantes peu usuelles.

D. Quelles sont les plantes qui font partie de la 12e classe?

R. Ce sont la ciguë, l'assa-fœtida, l'angélique, le cerfeuil, le fenouil et l'anis.

D. Qu'est-ce que la ciguë?

R. C'est une plante indigène, vénéneuse, dont on emploie les tiges et les feuilles, qui sont d'une odeur âcre et nauséabonde : prise à petite dose, la ciguë agit sur le cerveau.

D. Qu'est-ce que l'assa-fœtida?

R. C'est une plante vivace, de Perse, qui fournit une gomme résineuse que l'on recueille au moyen d'incisions : c'est un médicament très-employé dans les maladies nerveuses.

D. Qu'est-ce que l'angélique?

R. C'est une plante bisannuelle, indigène, dont on emploie la racine, qui est d'une odeur aromatique et très-agréable. C'est avec la tige que l'on fait les conserves d'angélique d'un goût si parfumé.

D. Qu'est-ce que le cerfeuil?

R. C'est une plante très-commune que l'on emploie comme excitant et comme diurétique.

D. Qu'est-ce que le fenouil?

R. C'est une plante du midi de la France, dont la racine a des propriétés carminatives très-connues.

D. Qu'est-ce que l'anis?

R. L'anis est originaire de l'Orient : on le cultive en France, et l'on fait usage des graines, qui sont de saveur chaude, aromatique et agréable; on regarde l'anis comme carminatif et stimulant.

D. Quel travail est nécessaire à l'agriculture dans le mois de juillet?

R. On doit pincer les tiges de la vigne qui prennent trop de nourriture et qui nuisent au raisin; faire des arrosemens dans les jardins pendant les

chaleurs ; on peut semer du cerfeuil, de la chicorée, replanter de la laitue, des choux d'hiver,
faire des marcottes d'œillets et écussonner les arbres.

D. *Quel est celui qui est nécessaire au mois d'août?*

R. On décharge la vigne de sa seconde poussée
afin de donner par là accès aux rayons du soleil,
et faciliter la maturité du raisin ; il faut nettoyer
le terrain des mauvaises herbes. On peut semer
des épinards, des bettes à tondre, différentes sortes de carottes et de choux.

IXe LEÇON.

SUITE DE LA BOTANIQUE.

D. *Quelles sont les plantes qui font partie de la 13^e
classe?*

R. Ce sont la clématite, l'aconit, le pavot, la
fumeterre, le cresson, la moutarde, le cochléaria, l'oranger, le citronnier, le thé, le raisin, la
guimauve, le cacaoyer, le tilleul, la violette, la
rue, le gayac, le lin.

D. *Qu'est-ce que la clématite?*

R. C'est une plante indigène dont on emploie
les feuilles comme purgatif.

D. *Qu'est-ce que l'aconit?*

R. C'est une plante vivace dont on emploie les
feuilles et la racine : c'est le poison le plus actif
des plantes de cette famille. Employé à petites
doses, il favorise la transpiration cutanée.

D. *Qu'est-ce que le pavot?*

R. C'est une plante dont les différentes parties
donnent un suc blanc et laiteux dont les propriétés
sont très-énergiques. Les graines seules ne renferment point ce suc dangereux : aussi emploie-t-
on les têtes de pavots en décoction comme cal-

mant intérieur et extérieur. Le pavot d'Orient (*pa-
paver somniferum*) fournit en Perse et dans l'Inde
le médicament nommé opium, dont le principe
est la morphine, poison très-violent. On obtient
l'opium au moyen d'incisions pratiquées au pavot
encore vert. Le pavot blanc, cultivé en France, ne
contient pas de morphine ; il sert à préparer le
sirop diacode, très-employé dans la médecine
des enfans. Le coquelicot est une variété du pavot ; ses feuilles servent à faire une tisane adoucissante.

D. *Qu'est-ce que la fumeterre ?*

R. C'est une plante qui contient un suc amer
que l'on administre dans les maladies de la peau.

D. *Qu'est-ce que le cresson ?*

R. C'est une plante aquatique dont on distingue deux sortes : le cresson de fontaine et le
cresson alénois. Le cresson de fontaine est une
plante dont on emploie les feuilles comme aliment ; elles sont antiscorbutiques. Le cresson alénois est une plante des jardins, qui ressemble
beaucoup au cresson de fontaine, et qui a les
mêmes propriétés.

D. *Qu'est-ce que la moutarde ?*

R. C'est une plante annuelle dont en emploie
les graines qui sont rondes, de couleur brunâtre,
inodores, et qui broyées ont un goût très-âcre :
la moutarde est employée comme assaisonnement ; on l'aromatise avec l'estragon, l'ail. En
médecine, on prépare les sinapismes avec la farine de moutarde. Depuis quelque temps l'on emploie la graine de moutarde blanche comme légèrement purgative.

D. *Qu'est-ce que le cochléaria ?*

R. C'est une plante indigène dont on emploie
les feuilles, qui ont un goût légèrement amer. Le
cochléaria est un excellent antiscorbutique ; il
guérit parfaitement le gonflement des gencives

D. *Qu'est-ce que l'oranger ?*

R. C'est un arbre des pays chauds, dont on emploie les feuilles, les fleurs, les fruits et leur écorce : leur usage est si connu qu'il est inutile d'en parler.

D. *Qu'est-ce que le citronnier?*

R. C'est un arbre qui ressemble beaucoup à l'oranger; il donne un fruit dont l'écorce et le suc sont employés fréquemment : l'écorce du citron échauffe et précipite la digestion, le jus de citron rafraîchit : ce fruit entre dans beaucoup de préparations médicales et comestibles.

D. *Qu'est-ce que le thé?*

R. C'est un arbuste de la Chine, dont on emploie les feuilles desséchées; voici la préparation à laquelle on les soumet : on plonge les feuilles dans l'eau bouillante pendant une demi-minute, on les égoutte et on les jette sur des plaques de fer échauffées à un certain degré de chaleur; quand elles sont un peu desséchées, on les étend sur de grandes tables, on les roule avec la paume de la main en même temps qu'on les refroidit au moyen de grands éventails agités en l'air. Il ne reste plus qu'à renfermer le thé dans des caisses. On distingue deux espèces de thé : le thé vert et le thé noir.

Parmi les thés verts on remarque le *thé heysven*, le *thé impérial*, le *thé poudre à canon*, le *thé song-lo*. Les plus estimés sont le thé impérial et le thé song-lo.

Parmi les thés noirs, le *thé péko* et le *thé saot-chun*, appelés vulgairement *thé souchon*, sont les plus employés.

Le thé procure une légère excitation et active la circulation du sang; on mêle ordinairement le thé vert avec le thé noir dans les préparations pour soirées : le thé péko seul rappelle une transpiration interrompue. On appelle *thé de France*, la *petite sauge* qui vient en Provence et que l'on prépare comme le thé. Le vulnéraire suisse est un mélange d'herbes aromatiques recueillies en Suisse. On choisit ordinairement la *sariette*, la *pervenche*, la *petite centaurée*, la *capillaire*, la *scrophulaire*, la *verveine*, etc.

D. *Qu'est-ce que le raisin ?*

R. C'est le fruit de la vigne. On laisse fermenter la liqueur exprimée du raisin, et on obtient le vin, boisson agréable et d'un effet salutaire lorsqu'on en use avec modération.

D. *Quels sont les vins les plus estimés de France ?*

R. Ce sont ceux de Bourgogne, de Champagne et de Bordeaux. Les premiers crûs sont ceux de Romanée-Conti, de Clos-Vougeot, de Chambertin, de Volnay et de Pomard, en Bourgogne ; on les nomme crûs de Haute-Bourgogne. Les vins d'Avallon, de Coulange, de Tonnerre, de d'Irancy et de Mercurey viennent des crûs de la Basse-Bourgogne. Les vins les plus estimés de la Champagne sont les vins d'Aï, de Pierry et d'Epernay. Les crûs de Bordeaux les plus estimés sont ceux de Château-Margot, de Grave, de Sauterne et de Médoc. Nous avons encore les vins de St-Perey, de l'Hermitage, de Lunel, de Ste-Foy, de La Galet, d'Ampuis, de la Nerte et de la Crose.

D. *Qu'est-ce que la guimauve ?*

R. C'est une plante vivace dont on emploie les racines, les feuilles et les fleurs, pour faire des préparations émollientes, internes et externes.

D. *Qu'est-ce que le cacaoyer ?*

R. C'est un arbre du Mexique, dont les semences fournissent une huile fixe qui s'épaissit et porte alors le nom de *beurre de cacao*. C'est du cacao que l'on retire le *chocolat*, préparation qui fortifie l'estomac des personnes débiles ou menacées de consomption, mais qui ne convient pas aux tempéramens sanguins et bilieux.

D. *Qu'est-ce que le tilleul ?*

R. C'est un arbre dont on emploie les fleurs en infusion, comme calmant et comme antispasmodique. Pour rendre ces infusions plus agréables, on y joint des feuilles d'oranger. Cette boisson théiforme convient surtout aux personnes mélancoliques. Avec les fibres de l'écorce de tilleul on fait des cordages excellens.

D. *Qu'est-ce que la violette ?*

R. C'est une plante qui passait autrefois pour un excellent dépuratif. Aujourd'hui on fait des infusions de fleurs de violette pour exciter une légère transpiration.

D. *Qu'est-ce que la rue ?*

R. C'est un arbuste indigène dont les feuilles répandent une odeur forte et peu agréable, et ont une saveur âcre, amère et aromatique : on l'emploie comme stimulant.

D. *Qu'est-ce que le gayac ?*

R. C'est un arbre de l'Amérique méridionale, qui fournit au commerce son bois et sa résine. La saveur du bois de gayac est âcre et un peu amère. La résine du gayac s'obtient par des incisions que l'on pratique dans l'écorce de l'arbre. Elle est d'une couleur verdâtre et d'une odeur assez agréable ; sa saveur est désagréable et prend fortement à la gorge. La racine et la résine du gayac sont des stimulans très-forts et des sudorifiques puissans.

D. *Qu'est-ce que l'œillet ?*

R. C'est une plante d'ornement ; on en distingue plusieurs sortes : l'œillet de poète et l'œillet d'Espagne.

D. *Qu'est-ce que la saponaire ?*

R. C'est une plante qui est de la même famille que les œillets (caryophyllées) ; elle a une saveur amère : cette plante est employée comme excitant.

D. *Qu'est-ce que le lin ?*

R. C'est une plante qui est remarquable par la symétrie de ses feuilles ; les fleurs sont d'un joli bleu. On retire de ses graines *l'huile de lin*, très-employée dans les arts, et une *farine* qui sert à faire des cataplasmes. C'est avec les fibres de la tige que l'on prépare le *fil de lin*, dont on fabrique les toiles.

D. *Quel travail est nécessaire à l'agriculture dans le mois de septembre?*

R. Il faut nettoyer les vignes des mauvaises herbes qui entretiennent l'humidité autour des raisins. On peut semer des épinards; lier les choux-fleurs dont la pomme paraît formée. On commence la vendange et les semailles.

D. *Quel est celui qui est nécessaire au mois d'octobre ?*

R. On continue et on achève la vendange, de même que les semailles d'automne. On fait des pruneaux, du résiné et du cidre. On récolte les pommes de terre, les carottes et différentes autres racines. On peut planter toutes sortes d'arbres.

Xe LEÇON.

SUITE DE LA BOTANIQUE.

D. *Quelles sont les plantes qui font partie de la 14e classe ?*

R. Ce sont le groseiller, le cassis, le piment. le géroflier, le grenadier, le rosier, le fraisier, le prunier, le cerisier, l'amandier, le pêcher, le cognassier, la réglisse, le copahu, le baume du Pérou, le séné, la casse, le bois de Campêche, l'acacia. le cachou et le jujubier.

D. *Qu'est-ce que le groseiller ?*

R. C'est un arbuste qui donne des baies que l'on emploie à faire des sirops et des gelées cuites.

D. *Qu'est-ce que le cassis ?*

R. Le cassis ou groseiller noir donne des baies plus aromatiques, qui servent à faire des liqueurs de ménage.

D. *Qu'est-ce que le piment ?*

R. C'est un arbuste de la Jamaïque, dont on emploie les baies qui contiennent une huile volatile très-stimulante, utile dans certaines maladies.

D. *Qu'est-ce que le géroflier ?*

R. C'est un arbrisseau de l'Inde, dont on emploie les fleurs que l'on nomme *clous de girofle*, et qui sont d'une couleur brune, d'une odeur agréable et d'une saveur piquante. Les clous de girofle les plus estimés viennent des grandes Indes. Ils servent à aromatiser une foule de préparations culinaires et spiritueuses.

D. *Qu'est-ce que le grenadier ?*

R. C'est un bel arbrisseau venu de l'Afrique et cultivé dans le midi de l'Europe. On emploie sa racine en décotion pour chasser le ver solitaire.

D. *Quelles sont les plantes de la famille des rosacées?*

R. Ce sont les rosiers dont les variétés sont immenses. On distingue surtout : le rosier de Bengale qui fleurit presque toute l'année, mais dont les roses ont peu d'odeur ; le rosier à cent feuilles, le rosier mousseux, le rosier des quatre saisons, le rosier blanc, le rosier de provins, dont les fleurs sont employées en médecine comme astringent (qui resserre), l'églantier ou rosier des buissons.

D. *Quels sont les principaux genres des pommacées ?*

R. Ce sont le pommier normand, fournissant un aliment agréable, une boisson rafraîchissante, le *cidre* et des conserves recherchées ; le poirier, dont les fruits sont délicieux et d'espèces très-variées ; le cognassier, dont le fruit charnu, jaune et cotonneux, répand une odeur forte et peu agréable : on fait avec ce fruit une liqueur de ménage et une conserve très-délicate, connue sous le nom de *cotignac* ; le néflier, dont le fruit est composé de cinq loges osseuses, contenant chacune une graine ; l'alizier, auquel se rapportent l'épine blanche, l'aubépine rose ; l'azerolier, dont les fruits sont d'une couleur écarlate ; le sorbier des oiseaux, dont les grappes ressemblent à des graines de corail.

D. *Quels sont les principaux genres des fragariées ?*

3

R. Ce sont le fraisier, le framboisier, la ronce, le comaret, la benoîte, la tourmentelle, etc.

D. *Quels sont les principaux genres des amygdalées ?*

R. Ce sont l'amandier, dont le fruit est employé dans les préparations culinaires, cosmétiques, etc.; le prunier, dont les fruits secs, appelés pruneaux, sont légèrement laxatifs, surtout ceux du prunier de Damas; le pêcher, dont les fleurs possèdent une propriété laxative; l'abricotier, dont les fruits servent à faire des conserves d'un goût très-fin; le cerisier, dont les fruits fournissent des boissons rafraîchissantes; le merisier, qui donne une cerise sauvage, petite, noire, et dont le suc est d'une couleur purpurine.

D. *Qu'est-ce que la réglisse ?*

R. C'est un arbuste du midi de la France, dont on emploie la racine; la saveur en est douce et sucrée. La meilleure réglisse nous vient d'Espagne.

D. *Qu'est-ce que le copahu ?*

R. C'est un arbre de l'Amérique, qui, au moyen d'incisions pratiquées à son écorce, fournit une résine appelée *baume de copahu*, d'une odeur forte et pénétrante, et d'une saveur âcre; elle agit sur les voies urinaires.

D. *Qu'est-ce que le baume du Pérou ?*

R. C'est un suc qui découle d'un arbre du Pérou, auquel on a pratiqué des incisions; il est d'un rouge brun et d'un parfum très-suave, il excite fortement toute l'économie animale.

D. *Qu'est-ce que le séné ?*

R. C'est un petit arbuste d'Egypte dont les feuilles servent comme purgatifs.

D. *Qu'est-ce que la casse ?*

R. C'est un arbre d'origine égyptienne, dont on emploie les fruits; ce fruit est une gousse ronde allongée en cylindre, d'un pied de longueur et grosse comme le pouce. La casse est laxative.

D. *Qu'est-ce que le tamarinier ?*

R. C'est un arbre qui a les mêmes propriétés que la casse.

D. Qu'est-ce que le bois de Campêche?

R. C'est un arbre qui nons vient du Mexique et qui sert dans la teinture.

D. Qu'est-ce que l'acacia vrai?

R. C'est un arbre très-élevé qui vient en Egypte ; c'est lui qui fournit la gomme arabique, substance adoucissante et très-nourrissante. Une grande partie de la gomme arabique répandue dans le commerce est fournie par l'acacia du Sénégal.

D. Qu'est-ce que le cachou?

R. C'est un suc gommo-résineux fait et durci par art en morceaux gros comme un œuf de poule, d'une saveur un peu amère, mais agréable. Ce suc, astringent et stomachique, corrige la mauvaise haleine et facilite la digestion.

D. Qu'est-ce que le jujubier?

R. C'est un arbrisseau dont les fruits sont les jujubes ; on les fait sécher au soleil, et on en tire par décoction un suc qui s'épaissit et qui est fort adoucissant dans les rhumes et dans les maladies de poitrine.

D. Quelles sont les plantes qui font partie de la 15e classe?

R. Ce sont le manioc, le ricin, le buis, la coloquinte, le melon, le muscadier, le figuier, le mûrier, la pariétaire, le houblon, le chêne, le saule, le peuplier, le pin, le mélèze, le genevrier et la sabine.

D. Qu'est-ce que le manioc?

R. C'est une plante de l'Amérique, qui contient un principe vénéneux, lequel disparaît entièrement par la cuisson. C'est avec la racine privée de ce caractère vénéneux, que l'on prépare le *tapioka*, fécule très-blanche, qui convient parfaitement aux estomacs faibles, et que l'on donne aux nègres d'Amérique comme nourriture journalière.

D. Qu'est-ce que le ricin?

R. C'est une plante de l'Inde, qui donne des graines dont on retire une huile grasse appelée *huile de palma Christi.* On l'extrait par la pression ou par l'intermédiaire de l'eau. Cette huile est d'une couleur jaune et d'une saveur peu agréable : on s'en sert comme purgatif.

D. *Qu'est-ce que le buis ?*

R. C'est un arbrisseau très-connu et employé dans la séparation des plates-bandes de nos jardins; c'est un excellent sudorifique.

D. *Qu'est-ce que la coloquinte ?*

R. C'est une plante originaire d'Orient, qui est cultivée en France. C'est un des plus violens purgatifs.

D. *Qu'est-ce que le melon ?*

R. C'est un excellent fruit, qui rafraîchit, mais dont il faut user avec modération : l'abus cause des fièvres et des dyssenteries. Les graines de melon sont au nombre des *semences froides* ; on en fait des préparations laiteuses et émulsives qui sont très-adoucissantes.

D. *Qu'est-ce que le concombre ?*

R. Le concombre est moins sain que le melon ; on en exprime un suc avec lequel on fait une pommade excellente pour la peau. La courge, la citrouille et le potiron sont très-connus; on fait, avec le potiron, des potages, des tourtes et d'autres préparations culinaires. En Provence, on mange le fruit d'une espèce de courge connue sous le nom de *pastèque.*

D. *Qu'est-ce que le muscadier?*

R. C'est un arbre qui croît dans les îles Moluques; il donne au commerce la noix muscade ; c'est un fruit de la forme d'un œuf et gros comme une petite noix. Son odeur est forte, mais agréable; sa saveur est piquante et aromatique. La muscade est bonne contre les faiblesses d'estomac et contre la diarrhée. Il faut en user avec modération.

D. *Qu'est-ce que le figuier?*

R. C'est un arbre originaire de l'Orient, qui est cultivé dans le midi de la France ; ses fruits sont mangés frais ou secs. Les figues sèches sont employées utilement en gargarismes dans les abcès de la bouche.

D. *Qu'est-ce que le mûrier?*

R. C'est un arbre des provinces méridionales de la France, dont les feuilles servent à la nourriture des vers à soie. On fait avec les mûres un sirop excellent pour les inflammations de la gorge.

D. *Qu'est-ce que la pariétaire?*

R. C'est une plante vivace qui a la propriété de pousser aux urines.

D. *Qu'est-ce que le houblon ?*

R. Le houblon est une plante qui entre dans la composition de la bière, qui est une liquenr vineuse composée d'orge et de fleur de houblon. Le houblon est utile pour corriger l'âcreté du sang.

D. *Qu'est-ce que le chêne ?*

R. C'est l'arbre qui donne le bois le plus dur de nos climats. L'écorce du chêne sert à tanner le cuir des animaux ; elle renferme le principe tannin qui se combine seul avec le cuir. En médecine, l'écorche de chêne est considérée comme un bon astringent. Les excroissances du chêne sont la noix de galle, qui se développe sur les feuilles par suite de la piqûre d'un insecte qui y dépose ses œufs. Les noix de galle les plus estimées viennent d'Alep. On se sert de la noix de galle pour fabriquer l'encre.

D. *Qu'est-ce que le saule?*

R. C'est un arbre qui donne une écorce qui est un assez bon fébrifuge.

D. *Qu'est-ce que le peuplier?*

R. C'est un arbre qui fournit à la pharmacie l'*onguent populeum* que l'on prépare avec ses bourgeons.

D. *Qu'est-ce que le pin ?*

R. C'est un arbre qui croît dans les parties montueuses de la France ; il fournit la *térébenthine,* au moyen d'incisions pratiquées à la base du tronc. En purifiant la térébenthine on obtient la

poix de Bourgogne. Par la distillation de la térébenthine, on obtient l'huile ou essence de térébenthine, si usitée dans les arts. On retire encore, des pins, la *colophane*, qui sert à frotter les
archets de violon, et le *goudron*, qui vient de la
combustion des branches.

D. *Qu'est-ce que le mélèze ?*

R. C'est un sapin qui croît dans les endroits les
plus arides, et qui amende considérablement les
mauvaises terres. On retire de ce sapin la *térébenthine de Venise*, dont on fait usage en médecine.

D. *Qu'est-ce que le genevrier ?*

R. C'est un arbrisseau indigène qui donne des
baies d'une odeur agréable ; on en fait du sirop
qui est un cordial estimé, du vin qui se prépare
en faisant bouillir les graines bien mûres dans du
vin ordinaire ; de l'extrait qui a des propriétés
très-énergiques.

D. *Qu'est-ce que la sabine ?*

R. C'est un arbrisseau indigène dont les feuilles ont une saveur âcre et amère, c'est un stimulant assez fort qui agit sur le sang.

D. *Quel travail est nécessaire à l'agriculture dans
le mois de novembre ?*

R. On doit serrer les fruits d'automne, enca-
ver les vins, émonder les arbres, couper le bois à
bâtir, couvrir les places d'asperges et d'artichaux
de fumier long, et couvrir de paille les laitues
d'hiver ; planter les rosiers, les lilas et autres ar-
brisseaux d'agrément ; déchausser les arbres à
fruits, porter de la terre aux vignes.

D. *Quel est celui qui est nécessaire au mois de dé-
cembre ?*

R. On couvre de fumier le pied des arbres ; on
les taille, on sème ou on couvre le jardinage qui
n'a pu l'être dans le mois de novembre ; on prépare des couches pour les concombres et les me-
lons. On plante des pois sous quelques arbres
pour en avoir au mois de mai.

SECONDE PARTIE.

ZOOLOGIE.

XIᵉ LEÇON.

ZOOLOGIE.

D. Qu'est-ce que la zoologie ?

R. C'est la science qui traite de l'histoire naturelle des animaux et de leur classification.

D. Qu'est-ce que la sensibilité et la locomotion ?

R. La vie animale comprend, outre les deux fonctions de la nutrition et de la reproduction, la sensibilité au moyen de laquelle les animaux reçoivent des impressions de plaisir et de peine ; et la locomotion ou faculté de changer de place, pour chercher le plaisir et éviter la peine.

D. Quel est l'animal dont l'organisation est la plus parfaite et la plus compliquée ?

R. C'est l'homme.

D. Quels sont les principaux solides et fluides du corps humain ?

R. Ce sont le sang, la lymphe, la bile, la chair, les cartilages, les os, la graisse, etc.

D. Quelles sont les fonctions du sang ?

R. C'est le sang qui donne l'accroissement aux solides ; c'est lui qui reçoit et communique la chaleur vitale : il circule perpétuellement du cœur jusqu'aux dernières extrémités du corps, par le moyen des artères d'où il revient au cœur par les veines. Si le mouvement du sang s'arrête, la vie cesse aussitôt.

D. De quelle nature est le sang qui circule dans les artères et dans les veines ?

R. Le sang qui circule dans les artères est vermeil et écumeux; quand il passe dans les veines, il devient livide et épais : mais il entre bientôt dans les poumons, où pénètre l'air extérieur au moyen de la *trachée-artère*. Un des effets principaux de l'air est d'échauffer le sang et de lui imprimer l'activité du mouvement lorsqu'il rentre dans les artères.

D. *De quelles parties se composent les os?*

R. Les os sont composés de phosphate de chaux (chaux et acide de phosphore) et de gélatine. Les os sont creux à l'intérieur et remplis d'une graisse très-fine, nommée moëlle.

D. *Comment s'unissent les os ?*

R. Les os s'unissent ensemble par différens modes : tantôt c'est une proéminence qui joue dans une cavité; tantôt c'est un cartilage qui les tient réunis; tantôt ils s'engrainent les uns dans les autres, comme les pariétaux et le frontal. Dans ces articulations, il coule une humeur blanche, nommée *synovie*, qui est destinée à diminuer le frottement des os.

D. *Qu'est-ce que les muscles?*

R. Ce sont des faisceaux de fibres qui impriment aux os leurs divers mouvemens.

D. *Comment se divise le squelette humain?*

R. Il se divise en tronc, en tête et membres : le tronc est soutenu par l'épine du dos, colonne composée de vertèbres jointes ensemble par des ligamens qui leur laissent un mouvement très-peu considérable. Il en devait être ainsi, puisque la tête, ce siége d'intelligence, repose sur la colonne vertébrale.

D. *Comment se divise la colonne vertébrale?*

R. Dans le centre de la colonne vertébrale, passe la moëlle épinière du dos : on compte sept vertèbres cervicales (vertèbres près de la tête), cinq lombaires (vertèbres des lombes), cinq sacrées et trois coccygiennes. La première vertèbre cervicale porte la tête ; aux vertèbres dorsales sont attachées douze côtes de chaque côté : ce sont des arcs osseux qui servent de cuirace à la poitrine. Les sept premières sont appelées vraies côtes, et viennent se réunir à un os situé devant la poitrine et que l'on nomme *sternum*; les cinq autres se nomment fausses côtes, parce qu'elles ne font pas le tour du corps. Les vertèbres sacrées sont soudées à une seule pièce, nommée *os sacrum* : c'est à cet os que s'attachent les os des anches. Les vertèbres coccygiennes forment cette protubérance que l'on nomme *croupion* ou *coccyx*.

D. *Comment se divise le crâne ?*

R. Le crâne est une boîte osseuse qui contient le cervau, siége de l'intelligence humaine; sa base est percée d'un grand trou nommé *trou occipital*, qui donne issue à la moëlle épinière. Le crâne est composé de huit os: un *frontal*, deux *pariétaux*, deux *temporaux*, un *occipital*, un *éthmoïde* et un *sphénoïde*. La face est traversée par la voûte des narines, et divisée en deux par une cloison nommée *vomer* : elle contient en outre les *orbites* des yeux et les deux mâchoires. Chaque mâchoire a seize dents : quatre *incisives* tranchantes au milieu, deux *canines* pointues, et dix *molaires* ou grosses dents; ce qui fait en tout trente-deux dents. Entre les deux mâchoires, se trouve la langue qui sert à la déglutition des alimens et à l'expression de la pensée.

D. *De quelles parties se compose l'extrémité supérieure du corps?*

R. De l'épaule, du bras, de l'avant-bras et de la main. L'épaule comprend deux os : l'*omoplate*, os plat et triangulaire, placé derrière le corps, au-dessus des côtes; et la *clavicule*, os grêle qui vient se rattacher au sternum.

D. *Quels os composent le bras, l'avant-bras et la main?*

R. Le bras n'a qu'un os; c'est l'*humérus* qui se

meut en tous sens sur l'omoplate. L'avant-bras
est composé de deux os : le *cubitus* retenu par une
tubérosité nommée *olécrâne*, qui l'empêche de se
porter trop en arrière, et le *radius* auquel se rattache la main ; la main se joint à l'avant-bras au
moyen du *poignet* ou *carpe*, qui est formé de huit
osselets : le corps de la main ou métacarpe est
composé de cinq os allongés, qui portent chacun
un doigt ; tous les doigts sont formés de trois
osselets ou *phalanges*, à l'exception du pouce qui
n'en a que deux.

La multiplicité des osselets de la main donne
aux doigts cette mobilité et cette dextérité qui rendent l'homme si supérieur aux autres animaux,
indépendamment même de la *raison* que Dieu lui
a donnée.

D. *De quelles parties se compose l'extrémité inférieure du corps ?*

R. De la hanche, de la cuisse, de la jambe et du
pied. Les deux hanches ne forment qu'un seul os
appelé bassin, qui sert d'appui aux intestins, et
dont le bas est percé pour donner issue aux ex-
crémens.

D. *De quels os se composent la cuisse, la jambe et
le pied ?*

R. La cuisse n'a qu'un os, appelé *fémur*, le plus
long et le plus fort de tous ceux du corps humain,
dont la tête s'articule dans une cavité du bassin.
La jambe a deux os : le *tibia* en dedans, et le *pé-
roné* en dehors. Pour empêcher la jambe de flé-
chir trop en avant, la *rotule* est placée sur l'articulation du *fémur* et du *tibia*.

D. *Qu'est-ce que le tarse ?*

R. C'est le coude-pied formé de sept osselets,
dont un est nommé *astragale* et sur lequel porte la
jambe, et un autre nommé *calcanéum*, qui forme le
talon. Cinq autres os allongés composent le *méta-
tarse*. Les doigts des pieds ont chacun trois phalanges, à l'exception du pouce qui n'en a que deux, et

qui d'ailleurs ne peut pas se remuer indépendamment des autres doigts, comme dans la main. L'extrémité inférieure du corps sert à la locomotion et au soutien du corps.

D. *Quelles sont les trois grandes cavités du corps humain?*

R. Ce sont la tête, la poitrine et le bas-ventre. La poitrine contient les organes de la respiration et de la circulation ; elle est séparée du bas-ventre par le diaphragme ou cloison membraneuse. La poitrine contient les poumons ou masses cellulaires, qui aboutissent à un grand tuyau nommé *bronche*. Il y a deux bronches qui communiquent avec la trachée-artère , qui va s'ouvrir dans le gosier, à la racine de la langue. Les contractions des poumons et leur dilatation font sortir et entrer l'air qui renouvelle la chaleur du sang

D. *De quelles parties se compose le cœur?*

R. Le cœur est composé de deux ventricules à parois musculaires très-robustes , et de deux oreillettes dont les parois sont plus minces. Quand le ventricule gauche se contracte, il pousse le sang qu'il contient dans le tronc des artères , qu'on appelle l'aorte , à la base duquel il y a trois soupapes ou valvules, qui empêchent le sang de remonter dans le ventricule quand il est une fois sorti. Les artères portent le sang dans les petites ramifications appelées artérioles, qui débouchent dans les veines, et de là il monte par la pression du sang qui vient derrière et par le soutien des petites valvules des veines; il finit par rentrer dans le cœur par l'oreillette droite , qui communique avec le ventricule droit d'où il est obligé de sortir par l'artère pulmonaire. Cette artère le porte dans le poumon où il se divise à l'infini dans le tissu cellulaire, de manière à recevoir le plus grand contact d'air qu'il est possible ; de là le sang part dans l'oreillette gauche et le ventricule gauche, pour recommencer continuellement le même mouvement

Les veines sont généralement plus près de la peau que les artères ; elles sont aussi plus comprimées par les ligatures que les artères. Ce sont les veines que l'on pique dans la saignée ; la piqûre d'une artère peut entraîner à la mort.

D. *Expliquez le mécanisme de la respiration.*

R. Nous avons dit que l'air atmosphérique réchauffe le sang, ce qui peut paraître paradoxal quand l'air est froid. Voici l'explication de ce phénomène : L'atmosphère est composée d'un quart environ d'air vital ou gaz oxigène, et de trois quarts d'un autre air, nommé gaz azote, qui ressort des poumons sans être altéré. Quant à l'air vital ou oxigène, il se décompose et sort en vapeur et en gaz acide carbonique ; mais en se décomposant, le gaz oxigène a laissé dans les poumons une partie de la chaleur (calorique) qui se trouve sous forme élastique : c'est ce qui fait que le poumon est le foyer de la chaleur animale. A l'extrémité supérieure de la trachée-artère, est l'organe de la voix, nommé *larynx ;* il a une ouverture à bords très-tendres, nommée *glotte* ; un cartilage nommé *épiglotte* se couche sur la glotte pour la fermer lorsqu'on avale quelque chose : la glotte jouit de la propriété de se rétrécir ou de s'élargir ; ce qui modifie les sons qui sont modifiés davantage par l'ouverture de la bouche et par l'articulation de la langue, des lèvres et des dents.

XIIe LEÇON.

SUITE DE LA ZOOLOGIE.

D. *Faites la description du cerveau.*

R. Le cerveau ressemble à une bouillie blanche, d'une couleur rougeâtre à l'extérieur ; on suppose que la partie rougeâtre est un tissu de vaisseaux dans lequel se fait la sécrétion du fluide nerveux. Le cerveau est formé par un certain nombre de circonvolutions de substance nerveuse, circonvolutions que l'on peut dérouler ; c'est à leur nombre plus ou moins grand et à leur position que se rattache le système phrénologique, inventé par le docteur Gall. Le cerveau est divisé en deux parties principales : le cerveau proprement dit, situé à la partie antérieure de la tête et qui paraît être le siége de l'intelligence ; et le cervelet, situé à la partie postérieure, et qui paraît se rapporter plus spécialement aux passions sensuelles.

D. *Combien de paires de nerfs sortent par les trous du crâne, et combien sortent par les échancrures des vertèbres ?*

R. Dix paires de nerfs sortent par les trous du crâne ; vingt autres naissent de la moëlle épinière, et sortent par les échancrures des vertèbres. De ces vingt paires, trois vont au côté du cou et de la tête ; les cinq suivantes se réunissent pour former le grand nerf brachial, qui se distribue à toutes les parties du bras ; douze se répandent ensuite dans les intervalles des côtes, et enfin les dernières forment deux grands nerfs pour la cuisse et la jambe.

Quant aux dix premières paires qui sortent du crâne, la première va aux narines et sert à l'odorat ; la seconde est le grand nerf de l'œil ou nerf optique ; trois autres servent à faire mouvoir les muscles de l'œil ; une autre se distribue sur les parois de la tête ; la septième se rend à l'oreille et sert à l'ouïe ; la huitième s'étend sur la face ; la neuvième se répand dans l'intérieur du corps, et se rend dans les principaux viscères ; comme elle se rattache à plusieurs autres nerfs, on l'appelle sympathique moyen ; la dernière paire va à la langue ; on la regarde comme l'organe du goût.

D. *Qu'est-ce que le grand sympathique ?*

R. C'est un cordon nerveux qui communique par des nœuds appelés ganglions avec tous les nerfs de la moëlle épinière, et se répand dans presque tous les viscères. C'est par la communication de ces nerfs entre eux, que les impressions causées par les objets extérieurs agissent si instantanément sur les diverses parties du corps.

D. *Faites la description de l'œil.*

R. L'œil est l'organe de la vue. Son globe est formé de la sclérotique, membrane épaisse, opaque, blanchâtre, dont la partie antérieure reçoit une membrane transparente, nommée *cornée*. La sclérotique est tapissée en dedans par la *choroïde*, membrane fine, colorée intérieurement par une espèce de vernis noirâtre. En devant, on aperçoit l'*iris*, percé dans son milieu d'un trou nommé *pupille*, qui se dilate ou se resserre, selon l'intensité de la lumière. L'iris est entouré par un cercle frangé, nommé ciliaire; il sert de soutien au cristallin, lentille transparente, au foyer de laquelle les objets extérieurs viennent se représenter. L'espace au devant du cristallin est rempli par l'humeur aqueuse; celui qui est derrière, par l'humeur vitrée. Le fond de l'œil, sur lequel se peignent les objets, est tapissé d'une membrane nommée *rétine*, qui est l'épanouissement du nerf optique. C'est la partie la plus sensible du corps humain. La *glande lacrymale*, située dans le haut de l'orbite, produit les larmes qui lavent le devant de l'œil, et s'écoulent par les *points lacrymaux* lorsqu'elles ne sont pas trop abondantes.

D. *Dans quel organe réside l'odorat?*

R. Il réside dans la membrane pituitaire qui tapisse la cavité des narines. Elle est pourvue d'une grande abondance de vaisseaux et de ramifications nerveuses, et continuellement humectée par une humeur muqueuse.

D. *Quel est l'organe de l'ouïe?*

R. C'est l'oreille qui est l'organe de l'ouïe

D. Faites-en la description.

R. Les sons rassemblés par le pavillon ou oreille externe, pénètrent dans le canal auditif jusqu'au tympan, membrane mince et élastique qui sépare ce canal de la caisse du tympan, cavité qui communique avec l'arrière-bouche et qui contient quatre osselets : le premier, nommé tympan, est attaché au tympan lui-même ; le deuxième, nommé enclume, est suivi immédiatement du troisième, nommé lenticulaire : c'est le plus petit os de tout le corps ; vient ensuite l'étrier, ainsi appelé, parce qu'il ressemble à un étrier de cheval. Les angles que ces osselets forment entre eux, peuvent, au moyen de certains muscles, s'étendre, se rapprocher et se mettre ainsi à l'unisson avec certains sons. La dernière partie de l'oreille interne se nomme vestibule. En avant et au-dessous se trouve le limaçon ; en arrière et au-dessus se trouvent les canaux semi-circulaires. Les canaux semi-circulaires sont au nombre de trois : un horizontal, deux verticaux, remplis d'une pulpe nerveuse. Le limaçon est un prolongement du vestibule, en forme de cône ; il est contourné en spirale comme une coquille de limaçon, et divisé en deux rampes, dont l'une aboutit au vestibule, et l'autre, par un trou nommé fenêtre ronde, aboutit à la caisse du tympan. Toutes les parties du labyrinthe sont remplies d'une gelée lympide dans laquelle les ramifications du nerf acoustique se subdivisent. Toutes les cavités de l'oreille interne sont creusées dans une cavité de l'os temporal, nommé le *rocher,* à cause de sa dureté.

D. *Faites la description de l'organe du goût.*

R. L'organe du goût, qui réside dans la langue, qui est couverte d'une peau fine, est toujours humecté. De nombreuses ramifications de nerfs s'épanouissent dans de petites *papilles* qui en revêtent la superficie : ce sont elles qui s'imbibent des liqueurs ou des parties solubles des alimens.

D. *Quel est l'organe du toucher ?*

R. C'est la peau qui est l'organe du toucher.

D. *Faites-en la description.*

R. Elle est composée de quatre parties : 1° du cuir ou derme, blanc, ferme, épais ; 2° du corps papillaire où s'épanouissent les ramifications nerveuses, et dans lequel réside proprement le tact : c'est à l'extrémité des doigts que les papilles sont les plus nombreuses et le plus régulièrement disposées ; il est facile de les reconnaître ; 3° du corps muqueux, espèce de réseau mou qui recouvre le cuir et ses papilles, et qui est noir dans les nègres ; 4° de l'épiderme, la membrane la plus extérieure du corps, blanche, et qui se régénère lorsqu'elle a été détruite ; elle amortit l'action des corps extérieurs sur les nerfs de la peau.

D. *A quoi servent les ongles ?*

R. Les ongles sont de nature analogue à celle de l'épiderme : leur usage est de renforcer l'extrémité des doigts et de les préserver du choc des objets extérieurs.

D. *Faites-nous la description du phénomène de la nutrition.*

R. Les alimens sont mâchés par les dents et les mâchoires, et imbibés de salive. La salive est produite par plusieurs glandes situées dans les environs de la bouche ; les plus considérables sont les *parotides*, placées entre les oreilles, et qui, étant comprimées lorsqu'on remue la mâchoire, versent la salive au dedans de chaque joue. La salive est une liqueur limpide et savonneuse qui commence la dissolution des alimens.

D. *Qu'est-ce que la déglutition ?*

R. La déglutition ou action d'avaler, s'opère par le moyen de la langue, qui pousse les alimens dans le gosier ou *pharynx*. La première partie du canal descend le long du cou, sous le nom *d'œsophage ;* il se dilate plus loin et forme l'estomac. L'orifice d'entrée de l'estomac se nomme *cardia ;* celui de sortie se nomme *pylore* : il produit une liqueur particulière appelée suc *gastrique*, qui agit sur les alimens; ceux-ci se convertissent, dans l'estomac, en une bouillie grisâtre.

D. *Nommez les boyaux à partir de l'estomac.*

R. A partir de l'estomac, le canal alimentaire prend le nom de boyaux ou intestins. Les premiers, savoir : le *duodénum*, le *jéjunum* et l'*iléon*, se nomment intestins grêles. Le reste du canal porte le nom de gros intestins. Le plus considérable est le *colon* qui aboutit au *rectum*, le dernier des boyaux qui se rend à l'anus. Les alimens sont conduits dans toute la longueur des intestins par la contraction des fibres de leur tunique musculaire ; ce qui produit un mouvement lent, semblable à celui d'un ver qui rampe, et qu'on nomme *mouvement péristaltique.* Le long des parois de ce canal suinte abondamment une humeur qui communique aux alimens une odeur fétide.

D. *Qu'est-ce que le foie?*

R. C'est un organe qui produit la bile, liqueur amère, d'un jaune foncé, contenue dans un réservoir appelé vésicule du fiel.

D. *Qu'est-ce que la rate ?*

R. La rate est un corps brun, assez grand, placé entre l'estomac et les côtes, et qui est destiné à fournir du sang au foie.

D. *Qu'est-ce que le pancréas?*

R. Le pancréas est une autre glande blanchâtre, placée dans le duodénum, et qui produit une liqueur assez semblable à la salive.

D. *L'homme est-il destiné à marcher debout et comment le prouve-t-on ?*

R. L'homme est destiné à marcher debout; l'homme ne pourrait marcher à quatre pattes ; il ne pourrait soutenir sa tête, et ses extrémités inférieures seraient trop élevées à proportion de ses bras. Mais à sa naissance, l'homme est le plus faible des animaux; il ne peut subsister que par le secours de ses parens ; il a besoin de leurs soins pendant long-temps.

D. *Qu'est-ce que la sociabilité?*

R. C'est l'inclination que l'homme a à se réunir et sans laquelle il n'aurait pu résister aux bêtes féroces ni pourvoir à ses besoins. L'homme non-seulement articule des sons, mais encore il généralise ses idées, fixe et retient les notions abstraites au moyen des sons. Telle est la base de la raison ou de la faculté de réfléchir et de combiner des idées exclusivement propres à l'homme.

D. *En combien de périodes est divisée la vie humaine?*

R. En cinq : 1° l'enfance qui commence en venant au monde et finit à 14 ans ; 2° la jeunesse qui commence à 14 ans et finit à 30 ; 3° l'âge viril qui commence à 30 et finit à 50 ; 4° la vieillesse qui commence à 50 et finit à 90; 5° la caducité qui est suivie de la décrépitude et de la mort.

XIII° LEÇON.

SUITE DE LA ZOOLOGIE.

D. *Pourquoi a-t-on classé les animaux?*

R. Parce que le nombre des espèces animales étant immense, il a fallu trouver les moyens de les distinguer et de les reconnaître. On a cherché à les classer dans un ordre naturel, c'est-à-dire en grandes divisions, comprenant toutes les espèces qui se ressemblent par l'organe le plus important.

Ces grandes divisions se subdivisent à leur tour en groupes plus petits, se ressemblant par les parties de l'organisation les plus importantes après celle qui a servi de caractère aux grandes divisions ; on continue ces subdivisions jusqu'aux espèces qui ne contiennent plus que des individus

D. Quelle est la classification de Cuvier ?

R. Il divise les animaux en vertébrés ou invertébrés, c'est-à-dire ayant ou n'ayant pas d'épine du dos ou colonne vertébrale.

D. Comment se divisent les animaux vertébrés?

R. En quatre grandes classes : 1° les mammifères, qui ont des mamelles et des poumons, et sont vivipares ; 2° les oiseaux, qui sont vertébrés, mais qui n'ont pas de mamelles; ils sont ovipares; 3° les reptiles ; ils ont des poumons, n'ont pas de mamelles, et rempent au lieu de voler ; 4° les poissons, qui n'ont ni poumons, ni mamelles, ni plumes, et qui respirent par des *branchies.*

D. Comment se divisent les animaux invertébrés?

R. En trois groupes : 1° les mollusques, qui n'ont ni squelettes, ni membres articulés, enveloppés le plus souvent du test calcaire ou coquille; 2° les articulés, dont le système nerveux ne consiste qu'en deux longs cordons enflés d'espace en espace en ganglions : c'est dans cette division que se trouvent les insectes; 3° les radiaires, chez lesquels les organes du mouvement ou du sentiment sont disposés circulairement autour d'un centre, et dans lesquels le système nerveux n'apparaît plus distinctement.

D. Comment se divisent les mammifères ?

R. Les mammifères se divisent en huit ordres : 1er ordre, *bimanes,* qui marchent sur deux pieds, genre unique : homme. 2e ordre, *quadrumanes,* qui marchent sur quatre pieds : singes, makis. 3e ordre, *carnassiers,* qui se repaissent de viande, divisés en quatre familles : 1° *cheiroptères,* dont les mains sont changées en ailes ; 2° *insectivores,* qui se nourrissent d'insectes; 3° *carnivores,* qui se divisent en *plantigrades,* marchant sur la plante des pieds : ours ; *digitigrades,* qui n'ont point de corne aux pieds : chien, chat, etc. ; *amphibies,* vivant sur terre et dans l'eau : phoque, morse ; 4° *marsupiaux,* animaux à bourse : sarigues. 4e ordre, *ron-*

geurs, qui ont de grandes incisives : castors, marmottes , etc. 5e ordre , *édentés* , qui n'ont pas de dents incisives, animaux lents, paresseux : fourmilliers , pangolins. 6e ordre , *pachydermes* , animaux à sabots : éléphant , cochon, cheval , etc. 7e ordre , *ruminans*, animaux qui font revenir les alimens dans la bouche pour les mâcher une seconde fois: chameau, bœuf, girafe, chèvre, etc. 8e ordre, *cétacés*, animaux privés de membres postérieurs : lamantin, dauphin, baleine, etc.

D. *Comment se divisent les oiseaux ?*

R. Les oiseaux se divisent en six ordres. 1er ordre. *Rapaces*, oiseaux de proie, bec crochu, se nourrissant de chair : vautour, griffon , faucon , aigle, hibou, chouette, etc. 2e ordre. *Passereaux*, petits oiseaux sauteurs et chanteurs, se subdivisent en quatre familles : 1° *dentirostres*, à bec dentelé : pie-grièche, gobe-mouche , grive, etc. ; 2° *fissirostres*, qui ont des doigts aux pieds : martinet , hirondelle , etc. ; 3° *conirostres* ou bec cônique : alouette, moineau, chardonneret, etc.; 4° *ténuirostres*, bec allongé, vivant d'insectes et du suc des plantes : huppe, grimpereau , oiseau-mouche. 3e ordre. *Grimpeurs*, oiseaux qui grimpent aux branches des arbres : pics, coucous, perroquets, kakatoës. 4e ordre. *Gallinacés*, oiseaux pesans, à vol court : pigeons, paons, coqs, dindons , pintades, faisans, etc. 5e ordre. *Echassiers*, oiseaux de rivages, aux longs pieds ; cet ordre est divisé en cinq familles : les *brévipennes*, qui ont des ailes trop courtes pour voler : autruches, casoars; les *pressirostres*, à bec court et à hautes jambes : outarde , pluvier, vanneau ; les *cultrirostres*, bec en forme de couteau : grue, héron, cigogne, spatule, etc.; les *longirostres*, à bec long et faible : ibis, bécasse , etc ; les *macrodactyles*, à doigts fort longs, sans membranes intermédiaires : rale, foulque. 6e ordre. *Palmipèdes*, qui ont les pieds disposés pour la natation ; cet ordre se divise en quatre familles : *plongeurs*, pingouins, qui se tiennent debout sur les jambes : manchots; *longipennes*, ailes très-longues : oiseaux de tempête, albatros, mouettes; *totipalmes*, qui ont les doigts unis par une membrane : pélican, cormoran, frégate, etc. ; *lamellirostres*, bec garni de lames sur les bords : cygne, cygne noir de la Nouvelle-Hollande, canard, eider.

D. *Comment se divisent les reptiles ?*

R. Les reptiles se divisent en reptiles à peau nue et à métamorphose, dont le cœur n'a qu'une oreillette : ce sont les *batraciens* ou *amphibiens*; et les reptiles à peau écailleuse et sans métamorphose, dont le cœur a deux oreillettes. Ils se divisent en trois ordres ; les *batraciens* forment le quatrième ordre. 1ᵉʳ ordre. *Chéloniens*, mâchoires sans dents, avec un bouclier supérieur ou carapace, et un bouclier inférieur ou plastron : tortues de terre, tortues de mer. 2ᵉ ordre. *Sauriens*: lézards, crocodiles, caïmans, etc. 3ᵉ ordre. *Ophidiens*, reptiles sans pieds, qui se meuvent au moyen de replis : couleuvres, boas, vipères. 4ᵉ ordre. *Batraciens* ou *amphibiens :* grenouilles, crapauds, salamandres.

D. *Comment divise-t-on les poissons ?*

R. Les poissons se divisent en deux séries. 1ʳᵉ série. Poissons osseux, qui se subdivisent en six ordres : 1ᵉʳ ordre. *Acanthoptérygiens*, qui ont la dorsale épineuse : perche, surmulet, maquereau. 2ᵉ ordre. *Malacoptérygiens abdominaux*, poissons à rayons mous, ayant les ventrales à l'abdomen : saumons, harengs, truites, éperlans. 3ᵉ ordre. *Malacoptérygiens subbrachiens*, poissons à rayons, ayant les nageoires ventrales attachées à l'appareil de l'épaule : turbot, carlet, limande, sole. 4ᵉ ordre. *Malacoptérygiens apodes*, poissons à rayons mous, sans nageoires ventrales : anguilles, murènes, gymnotes électriques, qui donnent des commotions violentes. 5ᵉ ordre. *Lophobranches*, poissons à branchies, en forme de petites houppes, qui ont le corps cuirassé : les chevaux marins. les pégases. 6e ordre. *Plectognathes,* mâchoires soudées avec le crâne et incapables de mouvemens : hérissons de mer, coffres, etc. 2e série. Poissons cartilagineux, qui ont des mâchoires incomplètes, se divisant en deux ordres : les *sturioniens* ou ordre des cartilagineux à branchies libres : esturgeons, polyodons; et les *sélariens,* ou poissons cartilagineux à branchies fixes : squales, requins, raies.

D. *Comment se divisent les mollusques, qui sont privés de squelettes et sont enveloppés d'une coquille?*

R. On les divise en six classes : 1re classe, *céphalopodes,* mollusques dont la tête est couronnée de tentacules qui leur servent de pieds ou de bras : sèche, poulpe. 2e classe, *gastéropodes,* mollusques dont les pieds sont placés sous le ventre : buccins, pourpres, porcelaines, colimaçons, limaces, etc. 3e classe, *ptéropodes,* mollusques qui ont des nageoires placées comme des ailes aux deux côtés de la bouche. 4e classe, *brachiopodes,* mollusques dont la tête n'est pas séparée du corps et qui ont des espèces de bras qui leur servent de pieds. 5e classe, *acéphales,* mollusques sans tête distincte et sans tentacules : huître, moule. 6e classe, *cirrhopodes,* mollusques qui le long du ventre ont des filets ou *cirrhes tentaculaires.*

D. *Comment se divisent les animaux articulés, qui sont recouverts d'une enveloppe ?*

R. En cinq classes : 1re classe, *arachnides,* araignées. tarentules, scorpions. 2e classe, *insectes,* qui se divisent eux-mêmes en huit ordres. 3e classe, *myriapodes* ou *mille pieds,* cloportes, scolopendres. 4e classe, *crustacés,* ayant une croûte dure : crabes, écrevisses, homards. 5e classe. *annelides,* vers à sang rouge : lombrics ou vers de terre, sangsues, etc.

D. *Comment se divisent les animaux rayonnés?*

R. *Ils se divisent en six classes :* 1re classe. *Helminthes,* qui ne vivent que dans le corps des animaux : *ténias* ou vers solitaires ; *ascarides* ou vers des enfans ; *iltongles,* vers des chevaux et des moutons ; *filaires,* vers des insectes ; *hydatides,* qui s'introduisent dans le cerveau du mouton et causent le tournis. 2e classe. *Echinodermes,* animaux couverts d'une peau coriace, armée d'épines : hérissons de mer, astéries ou étoiles de mer. 3e classe. *Malacodermes* ou *orties de mer,* animaux aquatiques : méduse, béroès, qui répandent pendant la nuit une lumière brillante. 4e classe. *Actinies,* dont la bouche est garnie de tentacules qui s'épanouissent comme des pétales : de là on les nomme *anémones* de mer. 5e classe. *Polypes,* petits animaux susceptibles de croître par bourgeons : hydres ou polypes d'eau douce ; quand on les coupe en deux, chaque partie vit séparément. On peut retourner un polype comme un gant, sans qu'il cesse de vivre comme auparavant. Certains polypes se réunissent en masse et forment un polypier qui a la forme d'un petit arbre ; aussi les a-t-on pris pour des plantes marines. Dans cette classe se rangent encore les *coraux,* d'où l'on retire le corail du commerce et les éponges. 6e classe. Les *infusoires,* animaux si petits, qu'on ne peut les apercevoir qu'au microscope.

Voici le tableau synoptique de la classification des animaux :

LES ANIMAUX SONT — VERTÉBRÉS se divisent en 4 grandes classes. — 1° MAMMIFÈRES se divisent en 8 ordres :

- 1er ordre. Bimanes.
- 2e ordre. Quadrumanes.
- 3e ordre. Carnassiers.
  - Cheiroptères.
  - Insectivores.
  - Carnivores.
  - Marsupiaux.
- 4e ordre. Rongeurs.
- 5e ordre. Dentés.
- 6e ordre. Pachydermes.
- 7e ordre. Ruminans.
- 8e ordre. Cétacés.

(Suite.) LES ANIMAUX sont

VERTÉBRÉS se divisent en 4 grandes classes.

2° OISEAUX se divisent 6 ordres.

1er ordre. Rapaces.

2e ordre. Paresseux.
Dentirostres.
Fissirostres.
Conirostres.
Ténuirostres.

3e ordre. Grimpans.

4e ordre. Gallinacés.

5e ordre. Echassiers.
Brévipennes.
Pressirostres.
Cultrirostres.
Longirostres.
Macrodactyles.

6e ordre. Palmipèdes.
Plongeurs.
Longipennes.
Totipalmes.
Lamellirostres.

3° REPTILES se divisent en 4 ordres.
1er ordre. Chéloniens.
2e ordre. Sauriens.
3e ordre. Ophidiens.
4e ordre. Batraciens.

4° POISSONS se divisent en 2 séries.

1re série. Poissons osseux se divisent en 6 ordres.
1er ordre. Acanthoptérygiens.
2e ordre. Malacoptérygiens abdominaux.
3e ordre. Malacoptérygiens subbrachiens.
4e ordre. Malacoptérygiens apodes.
5e ordre. Lophobranches.
6e ordre. Plectognathes.

2e série. Poissons cartilagineux
à branchies libres.
à branchies fixes.

INVERTÉBRÉS se divisent en 3 grandes classes.

1° MOLLUSQUES se divisent en 6 classes.
1re classe. Céphalopodes.
2e classe. Gastéropodes.
3e classe. Ptéropodes.
4e classe. Brachiopodes.
5e classe. Acéphales.
6e classe. Cirrhopodes.

2° ARTICULÉS se divisent en 5 classes.
1re classe. Arachnides.
2e classe. Insectes.
3e classe. Myriapodes.
4e classe. Crustacés.
5e classe. Annelides.

3° RAYONNÉS se divisent en 6 classes.
1re classe. Helminthes.
2e classe. Echinodermes.
3e classe. Méduses.
4e classe. Actinies.
5e classe. Polypes.
6e classe. Infusoires.

XIVe LEÇON.

SUITE DE LA ZOOLOGIE.

D. *Dans quel ordre sont les singes ?*

R. Dans les quadrumanes, deuxième ordre des mammifères, et dans la première famille.

D. *Faites la description de cet animal.*

R. Les singes ont comme l'homme quatre dents incisives tranchantes à chaque mâchoire, deux canines fortes, quatre fausses molaires et six molaires vraies, dont les couronnes sont formées de tubercules mousses. Ce sont de tous les animaux ceux qui ressemblent le plus à l'homme tant par leur apparence extérieure que par leur organisation. Le crâne est arrondi, la face peu prolongée, ordinairement dépourvue de poils, le nez plus ou moins proéminent, les narines ouvertes au-dessous du nez et séparées par une cloison mince, le cou court, le corps svelte, les mamelles au nombre de deux, les membres antérieurs grêles et longs, les doigts terminés, pour l'ordinaire, par un ongle plat ou fort peu arqué ; leurs jambes ne présentent jamais cette saillie musculaire qui, chez l'homme, forme le *mollet ;* leurs cuisses sont relativement très-courtes ; leur talon, quand ils marchent, ne pose pas sur le sol, et ils s'appuient presque exclusivement sur le bord externe du pied ou plutôt de la main qui termine le membre postérieur ; les environs de l'anus et principalement les points où les os ischions déterminent la saillie des fesses qui est chez eux peu marquée, présentent, dans la plupart, des places nues où la peau est plus ou moins rude, et qui portent le nom de callosités. Ils habitent tout l'ancien continent. Ils se tiennent presque constamment sur les arbres. C'est ainsi que, dans les vastes forêts, ils voya-

gent de branche en branche, cherchant les fruits
et les œufs d'oiseaux dont ils font leur nourriture
habituelle. Les individus de quelques espèces se
divisent par petites troupes, dirigées par un vieux
mâle ; les autres le suivent et se rassemblent à
sa voix.

D. *Quel est leur caractère ?*

R. Leurs mouvemens sont rapides et brusques,
leur humeur est excessivement mobile ; ils passent, sans motif apparent, d'une action à une
autre, de la tranquillité à la colère, de l'apathie
aux excès de la lubricité. Les mères soignent
leurs petits avec la plus grande tendresse, elles
les portent dans les bras et les allaitent souvent ;
mais dès qu'ils peuvent manger seuls, cette af-
fection maternelle disparaît. Dans leur jeunesse,
il est facile de les dresser à toute sorte de tours,
en faisant usage d'appâts pour leur gourmandise,
ou de châtiment dont ils conservent très-bien le
souvenir ; mais en vieillissant, ils deviennent plus
ou moins rebelles aux volontés de leurs maîtres,
et souvent même d'une indocilité complète.

D. *En combien de genres divise-t-on les singes ?*

R. En six genres : les orangs, les gibbons, les
semnopithèques, les guenons, les macaques et
les cynocéphales. Ces genres contiennent tous
plusieurs espèces.

Les orangs ont, pour les organes des sens comme pour tous les autres, une grande ressem-
blance avec l'homme. C'est à ce genre qu'appartient le célèbre *orang-outang* ou *homme des
bois*, celui de tous les animaux qui ressemble le
plus à l'homme. Des voyageurs ont avancé que sa
taille égalait celle de l'espèce humaine. Les naturalistes qui n'en ont observé que de jeunes,
n'en ont pas vu qui eussent au-delà de deux et
demi à trois pieds de haut, lorsqu'ils étaient debout, comme il leur est possible de s'y tenir, c'est-
à-dire avec les membres inférieurs fléchis.

D. *Qael est l'instinct de ces animaux ?*

R. Ceux que les voyageurs ont observés dans l'âge adulte vivaient en troupes nombreuses, et savaient, dit-on, se construire des espèces de huttes qui leur servaient d'abri ; ils étaient extrêmement forts et tellement farouches qu'ils se battaient jusqu'à la mort plutôt que de se laisser prendre. On ajoute qu'ils attaquent à coups de pierre et de bâton les hommes qu'ils rencontrent, tandis qu'ils enlèvent les femmes et ne leur font point de mal.

D. *Qu'est-ce que les gibbons ?*

R. Les gibbons se rapprochent beaucoup des orangs, en différant cependant par leurs fesses calleuses, leurs bras qui touchent à terre quand ils sont debout, leur front moins développé et leur moindre intelligence.

D. *Qu'est-ce que les semnopithèques?*

R. Ils ressemblent aux gibbons , mais ils ont de plus une queue très-longue , habituellement relevée sur le dos, qui semble faciliter leurs sauts en leur servant de balancier.

D. *Qu'est-ce que les guenons ?*

R. Elles sont toutes originaires d'Afrique , où elles vivent en troupes nombreuses.

D. *Qu'est-ce que les macaques ?*

R. Les macaques ont les fesses calleuses, des abajoues et une taille médiocre comme les guenons, mais ils ont des membres mieux proportionnés pour marcher à quatre pattes.

D. *Qu'est-ce que les cynocéphales ?*

R. Ils ressemblent à des macaques dont la taille serait agrandie et le museau prolongé , de manière que les narines s'ouvrent à son extrémité au lieu de s'ouvrir en arrière.

Il y a encore les *sapajous*, les *alonates*, les *atèles*, les *lagostriches*, les *sajous*, les *saïmivis*, les *nocthores*, les *sakis* et les *ouistitis* qui ne renferment pas des particularités assez intéressantes pour être développées dans le petit cercle que nous nous sommes tracé.

D. *Quels sont les animaux qui font partie des plantigrades de la famille des carnivores ?*

R. Ils ont cinq doigts à tous les pieds ; ils appuient, comme les insectivores proprement dit , la plante entière du pied sur la terre : les ours, les ratons, les coatis, les blaireaux et les gloutons.

D. *Faites la description des ours.*

R. Les ours sont de tous les carnivores ceux qui, par leur organisation, sont le moins forcés à vivre de chair et ont le régime le moins carnassier. Ce sont de grands animaux à corps trapu, à membres épais, à queue très-courte ; leurs ongles sont allongés, crochus, fouisseurs ; leurs oreilles courtes et velues sur leurs deux faces, leurs yeux assez petits, leur langue très-douce, leurs narines très-ouvertes et entourées d'un mufle soutenu par un cartilage très-mobile; leur fourrure épaisse est composée de très-longs poils.

D. *Faites la description des ratons.*

R. Les ratons ont trois arrière-molaires tuberculeuses dont les supérieures sont presque carrées, et trois fausses molaires pointues en avant. Leur queue est longue, mais tout le reste de leur extérieur représente en petit celui de l'ours. Ils n'appuient la plante du pied que lorsqu'ils sont arrêtés, et relèvent le talon quand il marchent. Ils se nourrissent principalement de substances végétales , mais aussi d'œufs, et même de jeunes oiseaux.

D. *Faites la description des coatis.*

R. Les coatis joignent aux dents, à la queue, et à la marche traînante des ratons, un nez singulièrement allongé dont ils se servent pour fouir.

D. *Faites la description des blaireaux.*

R. Les blaireaux ont une très-petite dent derrière la canine , puis deux molaires pointues. Ce sont des animaux nocturnes dont la queue est très-courte, les doigts très-engagés dans la peau, et qui se distinguent surtout par une poche située sous la queue, et d'où suinte une humeur grasse et fétide.

D. *Faites la description des gloutons.*

R. Les gloutons ont trois fausses molaires en haut et quatre en bas. Ce sont des animaux à queue médiocre, avec un pli en dessous au lieu d'une poche, et d'ailleurs semblables aux blaireaux pour le port, et pourvus comme eux d'ongles à fouir. Ils passent pour cruels et gros mangeurs.

D. *Qu'est-ce que les digitigrades?*

R. Ce sont ceux qui marchent sur le bout des doigts, ce qui rend leur course plus légère et plus rapide.

D. *Quels sont les animaux qui font partie de cette famille?*

R. Ce sont le *putois* commun, brun, à flancs jaunâtres, avec des taches blanches à la tête, long de quinze à dix-huit pouces, sans y comprendre la queue, qui en a six; le *furet*, qui n'est peut-être qu'une variété du précédent; la *belette*, marron clair en dessus, blanche en dessous, longue d'environ six pouces, plus quinze à dix-huit lignes pour la queue; l'*hermine*; elle a, du bout du museau à l'origine de la queue, environ neuf pouces, et la queue en a quatre; la *martre*, qui ressemble beaucoup au putois, en différant par un museau peu allongé, par une langue couverte de papilles molles; la *fouine* brune, avec tout le dessous de la gorge et du cou blanchâtre, ayant seize pouces environ de longueur, plus la queue qui en a huit; la *martre* commune brune, avec une tache jaune sous la gorge, d'une taille un peu plus grande que la fouine; la *martre zibeline* ressemble beaucoup à la précédente par la taille et les couleurs.

D. *Que pouvez-vous nous dire sur le genre chat ?*

R. Le genre chat comprend le *chat domestique*, le *tigre royal*, aussi grand et aussi fort que le lion ; sa fourrure est fort belle ; le *léopard* et la *panthère*, à robes mouchetées de taches en forme de roses pour le premier, et en forme d'anneaux pour le second.

D. *Que pouvez-vous nous dire sur les amphibies ?*

R. La tribu des amphibies présente le *phoque*, qui se nourrit de poissons ; il est doux, intelligent et s'attache à l'homme ; les *morses* ou *vaches marines*, que l'on recherche pour leur huile et pour l'ivoire de leurs défenses.

D. *Que pouvez-vous nous dire sur les marsupiaux ?*

R. La famille des marsupiaux offre la *sarigue*, qui a une poche abdominale dans laquelle ses petits se viennent réfugier à la moindre apparence de danger. Les *kanguroos* de la Nouvelle-Hollande se tiennent sur les pieds de derrière et s'appuient sur leur queue comme sur un troisième pied ; ce sont des animaux très-doux et qui vivent d'herbes.

D. *Que savez-vous sur le castor ?*

R. Le castor a la queue plate et couverte d'écailles : il vit en société au Canada ; il est remarquable par son industrie à construire des cabanes à deux étages, dont l'inférieur, qui est sur l'eau, leur sert de magasin, et le supérieur, d'habitation pendant l'hiver. Ils coupent les pieux avec leurs dents et se servent de leur queue comme d'une truelle pour gâcher la terre ; ils construisent des digues de cent pieds de longueur sur douze d'épaisseur, pour maintenir l'eau à une hauteur permanente ; ils fournissent au commerce une fourrure précieuse pour le feutrage.

XV⁰ LEÇON.

D. *Dites-nous quelque chose des écureuils.*

R. L'écureuil, animal si généralement connu, chez nous, en toute saison, est d'un roux vif en dessus et blanc en dessous, avec des pinceaux de poil aux oreilles. Certains écureuils d'Amérique deviennent, en hiver, d'un gris très-doux à la vue ; leur pelage forme alors la fourrure connue sous le nom de *petit-gris*.

D. *Dites-nous quelque chose sur les fourmilliers.*

R. Ce sont des animaux velus, à long museau, terminé par une petite bouche sans aucune dent, d'où il sort une langue filiforme qui peut s'allonger beaucoup et qu'ils font pénétrer comme un cordon sur une fourmillière et dans les nids des termites, où elle attrape ces insectes au moyen de la salive visqueuse dont elle est enduite.

D. *Quel est le plus remarquable des pachydermes.*

R. C'est l'éléphant.

D. *Faites-en la description.*

R. Ce sont les plus grands mammifères. Ils ont cinq doigts à tous les pieds, mais tellement encroûtés dans une peau calleuse qui entoure le pied, qu'ils n'apparaissent au dehors que par des ongles attachés sur le bord de cette espèce de sabot. Dans la mâchoire supérieure se trouvent implantées deux énormes défenses qui sont la substance de l'*ivoire*, dont les arts font un si grand usage. Le nez de l'éléphant se prolonge en une trompe cylindrique, charnue, mobile en tout sens, douée d'un sentiment exquis et terminée par un appendice en forme de doigt, qui donne

à l'éléphant autant d'adresse qu'aux singes ; il se
sert de cette trompe pour saisir tout ce qu'il veut
porter à sa bouche et pour pomper sa boisson ,
qu'il lance ensuite dans son gosier en recourbant
sa trompe. Les yeux sont petits, à prunelle ronde ;
le sens de l'odorat ne se prolonge pas au-delà des
os du nez ; les oreilles sont larges et collées contre la tête , mais assez mobiles ; la langue est
douce , la peau épaisse, calleuse et ridée, presque dépourvue de poils ; il y a deux mamelles entre les jambes de devant. Ces animaux ont la vue
assez bonne, leur ouïe est fine, leur odorat déli-
cat, leur intelligence développée, leur naturel
doux et surtout affectueux. Ils vivent en troupes
sous la conduite d'un vieux mâle. Ces animaux
se nourrissent d'herbes et de feuilles.

D. *Qu'est-ce que l'éléphant des Indes ?*

R. L'éléphant des Indes , dont la hauteur à
l'épaule est quelquefois de quinze pieds, com-
munément de dix, à tête oblongue, à front con-
cave à couronne, des molaires présentant des
rubans qui sont les coupes des lames dont elles se
composent, lames usées par la trituration , à
oreilles qui ne dépassent pas le cou , habite depuis l'Indus jusqu'à la mer Orientale, et dans
les grandes îles au midi de l'Inde.

D. *Qu'est-ce que l'éléphant d'Afrique ?*

R. L'éléphant d'Afrique se distingue du précédent par une tête ronde , un front convexe , des
oreilles qui descendent jusqu'aux jambes, et des
molaires qui présentent sur leurs couronnes des
losanges au lieu de rubans. Cette espèce habite
depuis le Sénégal jusqu'au Cap. Ce sont les élé-
phans d'Afrique qui fournissent le plus d'ivoire.

D. *Qu'est-ce que les hippopotames ?*

R. Ce sont de très-gros animaux à formes épais-
ses, à museau large et aplati, à jambes courtes,
à sens obtus ; leur peau , extrêmement épaisse et
dure , ne présente que quelques poils très-rudes

On n'en connaît qu'une espèce, et deux selon Desmoulins ; c'est l'hippopotame amphibie.

D. *Qu'est-ce que l'hippopotame amphibie ?*

R. Cet animal, stupide et féroce, habite les rivières du milieu et du sud de l'Afrique ; il vit dans la fange et se plonge souvent dans l'eau. Il se nourrit de racines et autres substances végétales.

D. *Qu'est-ce que les cochons ?*

R. Les cochons sont des animaux à corps allongé, à jambes courtes, à museau long, terminé par un boutoir tronqué, propre à fouiller la terre. Ils vivent en troupes dans les forêts, quoiqu'ils n'éprouvent pas de la répugnance pour la nourriture animale. C'est à ce genre qu'appartient le *sanglier*, la souche de nos *cochons* domestiques, à corps trapu, à oreilles droites, à défenses prismatiques recourbées en dehors, à poil hérissé noir. Il fait six ou huit petits par année en une seule portée ; ils sont rayés de noir et de blanc ; on les appelle *marcassins*. Le *cochon domestique* varie en grandeur et hauteur de jambes, en direction d'oreilles et en couleur, tantôt blanc, tantôt noir, tantôt rouge, tantôt varié. Sa fécondité est bien accrue par la domesticité, puisque la truie fait, chaque année, deux portées dont chacune va jusqu'à douze et même quinze petits. Le cochon peut vivre vingt ans ; il est très-vorace et n'épargne pas même ses petits. Chacun connaît son utilité. Tous les peuples de la terre s'en nourrissent, excepté les Juifs et les Mahométans, qui s'en abstiennent en vertu d'un précepte religieux.

D. *Qu'est-ce que les rhinocéros ?*

R. Ce sont des animaux de grande taille, à museau court, dont le corps est lourd et trapu, le sens obtus ; la partie supérieure de leur museau est surmontée en avant d'une corne pleine, solide, formée de substance purement cornée, qui, selon les espèces, est tantôt seule, tantôt suivie d'une autre plus petite; leur peau est rugueuse, extrêmement épaisse. Ces animaux fréquentent les lieux humides, où ils vivent d'herbes et de jeunes branches. On en connaît quatre espèces, ce sont :

Le *rhinocéros des Indes*, le plus grand des quatre, long de neuf pieds et demi, plus, la queue qui en a deux, haut de cinq pieds à l'épaule, mais dont le ventre ne s'élève au-dessus de terre que d'un pied deux pouces; il a une seule corne sur le nez.

Le *rhinocéros de Java*, qui n'a que cinq pieds et demi, avec une queue longue d'un pied deux pouces, d'ailleurs semblable au précédent dont il a les incisives et la corne unique.

Le *rhinocéros de Sumatra*, dont la taille est à peu près celle d'un petit bœuf; il porte une seconde corne derrière la corne ordinaire.

Le *rhinocéros d'Afrique*, long de neuf pieds non compris la queue qui en a deux. Il habite les forêts de la contrée africaine que termine au sud le cap de Bonne-Espérance.

D. *Qu'est-ce que les tapirs?*

R. Les tapirs rappellent les cochons par leurs formes générales; mais, au lieu d'un boutoir, ils ont une petite trompe mobile, susceptible de s'allonger et de se raccourcir, sans être un organe de préhension; l'espèce la plus anciennement connue, est le *tapir d'Amérique*, de la taille d'un petit âne. Il vit solitaire dans les forêts et les savanes de l'Amérique méridionale, où il se nourrit de fruits et d'herbes tendres; il s'apprivoise aisément. On mange sa chair.

D. *Quels sont les animaux qui sont de la famille des solipèdes, c'est-à-dire de ceux qui n'ont qu'une corne à chaque pied?*

R. Ce sont le cheval, l'âne et le zèbre.

D. *Que remarquez-vous sur le cheval?*

R. Les principales races ont même des différences sensibles dans la forme de la tête et dans les proportions. En domesticité, le poulain tette six à sept mois; on sépare les individus des sexes différens à deux ans; on commence à les atteler et à les panser à trois; ce n'est qu'à quatre qu'on les monte. La jument porte un an, et ne donne qu'un poulain à chaque portée. La durée de la vie du cheval ne dépasse guère trente ans. Son âge se connaît surtout aux incisives. Toutes ces dents, celles de lait comme celles de remplacement, ont d'abord la couronne creuse. A sept ans et demi ou huit ans, tous les creux sont effacés et le cheval ne marque plus.

D. *Que remarquez-vous sur l'âne ?*

R. L'âne se reconnaît à ses longues oreilles, à la houppe du bout de sa queue, à la croix noire qu'il a sur ses épaules. Originaire des grands déserts de l'intérieur de l'Asie, il s'y trouve encore, à l'état sauvage, en troupes considérables.

D. *Dites-nous quelque chose du zèbre.*

R. Le zèbre, presque semblable à l'âne par sa forme et ses proportions, mais rayé partout transversalement de blanc et de noir avec une parfaite régularité, est originaire de toute la partie méridionale de l'Afrique. On a vu une femelle, à la ménagerie de Paris, produire successivement avec un âne et un cheval.

XVIᵉ LEÇON.

SUITE DE LA ZOOLOGIE.

D. *De quelle utilité sont les ruminans par rapport à l'homme ?*

R. C'est d'eux qu'il tire la chair dont il se

nourrit; plusieurs lui servent de bêtes de somme, d'autres lui donnent leur lait, leur graisse, leur cuir, leur laine, leurs cornes. La graisse des ruminans, durcie par le refroidissement, se nomme suif.

D. *Faites la description des quatre estomacs des ruminans.*

R. Les herbes passent dans quatre estomacs. D'abord mâchées grossièrement, elles entrent dans le premier, nommé *panse*, le plus grand de tous; de là, elles passent dans le second, nommé *bonnet*, qui les comprime et les renvoie dans la bouche pour être remâchées. Après cette seconde mastication, les alimens passent dans le troisième estomac appelé *feuillet*, et arrive de là dans le quatrième.

D. *Faites la description du chameau.*

R. Le chameau, animal très-sobre, si utile aux Africains pour traverser les déserts, porte de lourds fardeaux, fait quinze à vingt lieues par jour sans boire et presque sans manger; il peut se passer de boire très-long-temps, parce qu'il tient en réserve de l'eau dans sa panse; il peut faire remonter cette eau dans sa bouche pour se désaltérer; ce qui lui a fait donner le nom de *navire du désert*.

D. *Quelle différence y a-t-il entre le chameau et le dromadaire?*

R. Le chameau est haut de sept pieds, à peu près à l'épaule, de couleur brun marron, avec deux bosses sur le dos.

Le dromadaire diffère surtout du précédent, en ce qu'il n'a qu'une bosse au milieu du dos.

D. *Qu'est-ce que le lama?*

R. Le lama, grand comme un cerf, à pelage grossier et châtain, qui varie en longueur et couleur dans l'état domestique, est la seule bête de somme que l'on trouva chez les Péruviens.

D. *Qu'est-ce que la vigogne ?*

R. La vigogne est grande comme une brebis, couverte d'une laine fauve, d'une douceur extrême, et servant à faire des étoffes très-recherchées et des châles.

D. *Qu'est-ce que les chevrotins ?*

R. Ce sont des animaux charmans par leur élégance et leur légèreté, tous de l'Asie centrale ou méridionale. A ce genre appartient le musc. grand comme un chevreuil, presque sans queue, remarquable par une poche située au devant des parties sexuelles du mâle, qui se remplit de cette substance odorante si connue sous le nom de musc.

D. *Qu'est-ce que la girafe ?*

R. C'est le plus élevé de tous les quadrupèdes, car sa tête a dix-huit pieds de hauteur. Il est d'un naturel très-doux et se nourrit de feuilles d'arbres, dans les parties désertes de l'Afrique.

D. *Faites la description du cerf.*

R. Le cerf est naturel des forêts de toute l'Europe et de l'Asie tempérée. Le bois du mâle est rond et vient la seconde année. D'abord en forme de *dagues*, il prend, les années suivantes, à la face inférieure, des branches ou *andouilles*, dont le nombre croît avec l'âge, et se couronne d'une espèce d'*empaumure* de plusieurs petites pointes ; il tombe au printemps et revient pendant l'été.

D. *Dites-nous quelque chose du chevreuil.*

R. Le chevreuil n'a jamais que deux andouilles à ses bois ; il est d'un gris fauve plus ou moins foncé, à fesses blanches, presque sans queue. Il vit par couples dans les forêts élevées de l'Europe tempérée. Sa chair est délicieuse.

D. *D'où le daim est-il originaire ?*

R. Le daim, originaire, à ce qu'il paraît, de Barbarie, maintenant commun dans toute l'Europe, est moindre que le cerf ; en hiver, d'un brun noirâtre ; en été, fauve, tacheté de blanc.

D. *Qu'est-ce que le renne et l'élan ?*

R. C'est l'animal si célèbre par les services qu'en tirent les Lapons, qui en ont de nombreux troupeaux ; ils les conduisent l'été dans leurs montagnes, les ramènent l'hiver dans les plaines, en font leurs bêtes de somme et de trait, mangent leur chair, boivent leur lait, et se couvrent de leur peau. Il est grand comme un cerf, mais à jambes plus courtes, et devient presque blanc en hiver. Il n'habite que les contrées glaciales des deux continens. L'élan qui habite en petites troupes les forêts marécageuses du Nord, est grand comme un cheval.

D. *Dites-nous quelque chose de la gazelle.*

R. La gazelle, commune en Barbarie, répandue depuis la Syrie et l'Arabie jusqu'au Sénégal, où elle vit en troupes innombrables, a un bouquet de poils à chaque poignet, à chaque aine une poche profonde remplie d'une matière grasse : «Le nom
» de *gazelle* est arabe, dit Cuvier ; les auteurs de
› cette nation les citent sans cesse dans leurs
» écrits comme des symboles de douceur et des
» modèles de grâce et de beauté. Les beaux yeux
» se nomment simplement en orient des yeux de
» gazelle, et c'est bien avec raison, car il est
» impossible d'avoir le regard plus doux et plus
» vif que ce charmant animal.»

D. *Dites-nous quelque chose du chamois.*

R. Le chamois a la taille d'une grande chèvre. Il court avec la plus grande agilité parmi les rochers escarpés.

D. *Dites-nous quelque chose de l'œgagre ou chèvre sauvage, de la famille des chèvres.*

R. Elle paraît la souche de toutes les variétés de nos chèvres domestiques. Elle habite en troupes sur des montagnes de Perse, et peut-être sur celles de plusieurs autres pays, même dans les Alpes.

D. *Quels sont les animaux qui font partie des bêtes à laine?*

R. Le mouton, l'argali, le mouflon sont des
bêtes à laine bien connues, qui nous fournissent
des produits précieux.

D. *Quels sont les animaux qui font partie des bêtes à cornes ?*

R. Le bœuf, l'aurochs, le bison d'Amérique,
le buffle et le yach sont des animaux qui nous
fournissent les choses les plus nécessaires à la vie.

D. *Qu'est-ce que les cétacés ?*

R. Ce sont des mammifères, ayant le sang
chaud, des oreilles, des poumons, un cœur à
deux oreillettes, des mamelles pour allaiter leurs
petits qui naissent vivans; ils ont besoin d'air
pour respirer : dans cette classe se trouvent les
plus grands animaux connus, puisque quelques-
uns ont plus de cent pieds de longueur et pèsent
plus de 150,000 kilogrammes.

D. *Quels sont les animaux qui font partie des cétacés ?*

R. Ce sont le cachalot, dont la tête fait le tiers
de la longueur du corps. Dans les cavités de cette
énorme tête se trouve une huile figée appelée
blanc de baleine ou *spermaceti*, avec laquelle on fait
aujourd'hui des bougies. L'ambre gris est encore
une substance qui se trouve dans les intestins du
cachalot.

D. *De quel genre est le dauphin?*

R. Des cétacés.

D. *Dites-nous quelque chose du dauphin.*

R. Le dauphin, répandu en grandes troupes
dans toutes les mers, tant célébré par les anciens,
est long de huit à dix pieds. Le développement de
son cerveau annonce qu'il ne doit pas être dépourvu de toutes les qualités qu'on lui attribue.
Cependant il est plus que probable que les anciens désignaient sous le même nom un animal
différent de celui des modernes.

D. *Dites-nous quelque chose de la baleine.*

R. La baleine, qui a les mœurs douces, fait sa nourriture de vers, de zoophytes et de très-petits mollusques. Sa mâchoire supérieure est garnie de *fanons* : ce sont des lames de cornes à travers lesquelles l'eau s'écoule, mais qui retiennent les petits animaux dont la baleine fait sa nourriture. Une baleine seule fournit jusqu'à 100 tonneaux d'huile, et donne jusqu'à 1800 baleines de dix pieds de longueur, car les fanons sont les baleines du commerce, dont on fait des garnitures de parapluies, des busce, etc.

D. *Qu'est-ce que les baleinoptères ?*

R. Les baleinoptères ne se distinguent des baleines que par une nageoire qu'ils ont sur le dos; tels sont :

La jubarte des mers du Groënland, et le rorqual de la Méditerannée, qui surpassent en longueur la baleine franche.

XVIIe LEÇON.

SUITE DE LA ZOOLOGIE.

D. *En combien de familles divise-t-on les oiseaux ?*

R. Ils se divisent en deux familles, et chaque famille en deux tribus.

D. *Quels sont ceux qui font partie de la première famille et de la première tribu ?*

R. Ce sont les vautours, les sarcoramphes et les griffons.

D. *Dites-nous quelque chose sur les vautours.*

R. Les vautours ont le bec gros et fort, les narines en travers sur sa base, la tête et le cou revêtus seulement d'un duvet très-court, et un collier de longues plumes au bas du cou . les ongles peu pointus. Ils sont tous de l'Ancien-Monde, et l'on n'en connaît que trois en Europe, ce sont :

Le *vautour brun*, dont le sommet de la tête est recouvert d'un duvet laineux ; la couleur générale du plumage est le brun noirâtre. Il habite les montagnes de tout l'ancien continent.

Le *vautour fauve*, de même taille et aussi répandu que le précédent. Il a la tête et le cou recouverts d'un duvet cendré, avec quelques poils vides au sommet de la tête, le cou entouré d'une collerette de plumes blanches, et quelquefois mêlée de brun.

Le *vautour chasse-fiente*, qui non-seulement est répandu dans tout le continent d'Afrique, mais que l'on trouve aussi parfois dans les parties méridionales de l'Europe. On prend souvent cet oiseau vivant en Egypte et en Barbarie, et c'est de là que l'on paraît tirer les nombreux individus qu'on voit dans les ménageries ambulantes.

D. *Dites-nous quelque chose sur les sarcoramphes.*

R. Les sarcoramphes ressemblent aux vautours proprement dits, mais s'en distinguent par des caroncules charnues très-épaisses, et par le pouce plus court que les autres doigts. Les deux espèces que l'on connaît appartiennent au nouveau continent ; l'une d'elles est le fameux *condor* ou *grand vautour des Andes*, dont on a tant exagéré la taille, la vigueur et la voracité ; il a 15 à 18 pieds d'envergure. Le condor habite ordinairement les pitons les plus escarpés de la chaîne des Andes ; il se tient souvent sur la crête des rochers qui avoisinent la limite inférieure des neiges perpétuelles, et ne descend guère dans les plaines que pour y chercher sa proie ; il enlève les moutons, attaque les cerfs et même les bœufs : c'est le plus grand de tous les oiseaux.

D. *Dites-nous quelque chose du vautour des agneaux.*

R. Le vautour des agneaux est le plus grand des

oiseaux de proie de l'Ancien-Monde dont il habite, mais en petit nombre, toutes les hautes chaînes de montagnes. Il est long de près de quatre pieds et a jusqu'à neuf à dix pieds d'envergure. Il attaque les moutons, les agneaux, les chèvres, les chamois, et même, à ce qu'on dit, les hommes endormis ; on prétend qu'il lui est arrivé d'enlever des enfans. Les griffons appartiennent, par leur conformation générale, à la tribu des vautours.

D. *Quels sont les oiseaux qui font partie de la première famille et de la deuxième tribu ?*

R. Ceux de la deuxième tribu sont les faucons, les aigles, les balbusards, les circaètes, les autours, les milans, les bondrées, les buses et les busards.

D. *Dites-nous quelque chose sur les faucons.*

R. Ce sont des oiseaux très-forts, très - courageux et en même temps très-dociles : on leur apprend à poursuivre le gibier et à revenir quand on les appelle. C'est à ce genre qu'appartiennent :

Le *faucon ordinaire*, dont le mâle est grand comme une poule ; il se reconnaît toujours à une moustache triangulaire noire qu'il a sur la joue, plus large que dans aucune espèce du genre. Il vit très-long temps : on a fait mention, dans les journaux anglais, d'un individu attrapé en 1793 au cap de Bonne-Espérance, qui portait un collier annonçant qu'il avait appartenu au roi Jacques en 1610.

Le *hobereau*, assez commun en France, en Allemagne, etc., où il niche sur des arbres très-élevés, et se nourrit d'alouettes, de pinsons, de bouvreuils, etc.

L'*émérillon*, un peu plus petit que le précédent, auquel il ressemble par la forme. C'est le moindre de nos oiseaux de proie, mais non pas le moins courageux, puisqu'il attaque avec succès des oiseaux plus gros que lui.

La *cresserelle*, très-commune dans toute l'Europe, vulgairement connue en France sous le nom d'*émouchet*; elle effraie tous les petits oiseaux sur lesquels elle fond comme une flèche, et qu'elle saisit avec ses serres : si par hasard elle les manque du premier coup, elle les poursuit sans crainte de danger jusque dans les maisons.

D. *Dites quelque chose sur l'aigle.*

R. L'aigle se distingue des faucons en ce qu'il a les troisième, quatrième et cinquième pennes des ailes plus longues que les autres ; néanmoins le vol des aigles est très-fort, très-rapide et très-élevé; leur bec est courbé seulement à sa base. Ils font leurs nids sur des rochers inaccessibles : ils habitent le midi de l'Europe, en Egypte, dans les forêts montagneuses de l'Allemagne, de la Russie et de l'Afrique. Leur vie est fort longue, et peut aller au-delà de cent ans.

D. *Combien en distingue-t-on d'espèces?*

R. Une infinité. Les principales sont l'aigle royal, l'aigle impérial, l'aigle criard et l'aigle pêcheur. Le premier a trois pieds et demi, les autres sont plus petits.

D. *Quels sont les oiseaux de la seconde tribu, qui renferment encore quelques particularités?*

R. Le milan, qui a deux pieds de longueur, redoutable aux jeunes poulets ; il s'élève avec rapidité, et c'est du haut des airs qu'il découvre sa proie, et fond sur elle avec la rapidité d'un trait.

D. *Quels sont les oiseaux qui font partie de la deuxième famille?*

R. Ce sont le grand duc et la chouette.

D. *Dites-nous quelque chose du grand duc.*

R. Le grand duc, long de vingt-deux pouces environ, a cinq pieds d'envergure : c'est le plus grand des oiseaux de nuit. Il n'habite que les vieilles tours abandonnées et situées au-dessus des montagnes.

D. *Dites-nous quelque chose sur la chouette des clochers.*

R. Elle niche dans les tours, dans les clochers,
où elle fait entendre sans cesse un soufflement,
che, *chec*, *cheu*, *chiou*, qui ressemble à celui d'un
homme qui dort la bouche ouverte. Cette voix
effrayante, jointe au séjour habituel de cet oiseau, sur les clochers qui avoisinent les cimetiè-
res, en ont fait, pour les gens faibles, *un oiseau
de mauvais augure.*

D. *Dites-nous quelque chose sur les dentirostres.*

R. Cet ordre renferme tous les animaux qui ne
sont ni nageurs, ni échassiers, ni grimpeurs, ni
oiseaux de proie, ni gallinacés.

D. *Pourquoi les appelle-t-on dentirostres?*

R. Parce qu'ils ont le bec denté.

D. *Dites-nous quelque chose des pies-grièches.*

R. Les pies-grièches ont le bec robuste, triangulaire à la base, comprimé par les côtés, et
convexes en dessus. Elles vivent en famille et ont
l'habitude singulière d'imiter sur-le-champ quelques parties du ramage des oiseaux.

D. *Dites-nous quelque chose des gobe-mouches.*

R. Ils ont un bec déprimé horizontalement,
garni de poils à sa base, et dont la pointe est
plus ou moins échancrée.

D. *Quels sont les autres oiseaux qui font partie
de la famille des dentirostres ?*

R. Ce sont : l'écorcheur, les jaseurs, les merles,
les grives, les mauvis, les chocards, les loriots, les
bec-figues, les rouges-gorges, les rossignols, les
fauvettes, les roitelets, les troglodytes, les lavan-
dières, les bergeronnettes et les farlouses ou
alouettes des prés.

D. *Quel est le plus petit des oiseaux ?*

R. C'est le *colibri d'Amérique*, dont le plumage
resplendit de l'éclat le plus éblouissant; son bec
est grêle, sa langue déliée s'allonge dans le calice
des fleurs pour en sucer le nectar. Parmi le colibri, dont le bec est généralement recourbé, on

distingue l'*oiseau-mouche* qui a le bec droit, dont quelques-uns ne sont pas plus gros que des abeilles.

D. Quels sont ceux qui font partie de la seconde famille qu'on appelle les fissirostres ?

R. Ce sont les martinets, les hirondelles et les engoulevens, qui ne renferment rien de remarquable, sinon l'instinct de l'hirondelle, qui abandonne son nid à l'approche de la mauvaise saison, et qui, sans boussole, retrouve la province, la ville, la maison et le toit où elle avait construit sa demeure.

D. Quels sont ceux qui font partie de la troisième famille qu'on appelle conirostres ?

R. Ce sont les ALOUETTES, qui comprennent l'*alouette des champs*, le *cocheris* et l'*alouette des bois ;* les MÉSANGES, qui comprennent la *charbonnière*, la *petite charbonnière* et la *mésange bleue ;* les BRUANS, qui comprennent le *bruant commun*, le *proyer* et l'*ortolan ;* les MOINEAUX, qui comprennent le *moineau domestique*, le *friquet*, le *pinson*, le *chardonneret*, la *linotte*, le *serin des Canaries*, le *gros-bec*, le *verdier*, le *bouvreuil*, le *bec-croisé ;* les ÉTOURNEAUX, qui ne comprennent que le *sansonnet ;* les CORBEAUX, qui comprennent le *corbeau*, la *corneille*, le *freux*, la *corneille mantelée*, le *choucas ;* les PIES, les GEAIS, les ROLLIERS ; les OISEAUX DE PARADIS, qui comprennent l'*oiseau de paradis émeraude*, la *manucode*, le *sifilet*, le *superbe* et l'*orangé*.

D. Quels sont ceux qui font partie de la quatrième famille, qu'on appelle ténuirostres ?

R. Ce sont les SITTELLES, qui comprennent la *sittelle commune* ou le *torche-pot ;* les GRIMPEREAUX, les ÉCHELETTES ; les COLIBRIS, qui comprennent le *colibri topaze* et l'*oiseau-mouche ;* les CRAVES, les HUPPES.

La cinquième famille, les syndactyles, ne renferme que les *guêpiers* et les *martins-pêcheurs*.

D. *Quels sont ceux qui font partie du troisième or-dre, qu'on nomme grimpeurs?*

R. 1° Les PICS, parmi lesquels on distingue le *grand pic noir*, le *pic vert*, le *pic vert à tête grise*, le *grand épeiche*, le *moyen épeiche* et le *petit épeiche*; 2° les TORCOLS; 3° les COUCOUS; 4° les PERROQUETS, que l'on divise en plus de deux cents espèces et en six sections.

D. *Citez-en quelques-uns des plus remarquables.*

R. L'*ara bleu*, un de ceux que l'on voit le plus souvent en France.

La *perruche pavouane*. Elle est d'un beau vert, avec le sommet de la tête d'un bleu verdâtre; quelques-unes ont des plumes rouges éparses dans les plumes vertes de la tête, du cou et des joues, qui font un très-bel effet. La *perruche du Sénégal*, dont la couleur est d'un vert pré et uni-forme; le mâle porte un collier couleur de rose, qui lui ceint le derrière du cou. On la trouve au Sénégal, à Pondichéry, au Bengale.

D. *Quelle particularité offrent ces animaux?*

R. Ils sont organisés de manière à imiter la parole humaine; ils s'attachent à ceux qui ont soin d'eux, et ils prennent en aversion soutenue les personnes dont ils ont reçu de mauvais traite-ment, et cela avec un véritable discernement.

Les amandes amères et le persil sont, dit-on, des poisons pour les perroquets, qui peuvent manger en abondance les graines de carthame sans en être indisposés, tandis que c'est pour l'homme un violent purgatif.

D. *Quels sont les oiseaux qui sont de l'ordre des gallinacés?*

R. Ce sont : le pigeon, le paon, originaires de l'Inde; le dindon, originaire du Brésil; le faisan, originaire de la Colchide; le coq, la poule et la pintade, originaires d'Alger ; la perdrix et la caille.

D. *Quels sont les principaux oiseaux de l'ordre des échassiers ?*

R. Ce sont l'*autruche*, le plus gros des oiseaux connus, et qui vit en troupes dans les déserts de l'Afrique : cet oiseau avale indistinctement des cailloux et des morceaux de métal. Les plumes de son croupion forment des panaches. L'*huîtrier*, dont le bec, en forme de coin, est assez fort pour ouvrir les huîtres dont il fait sa nourriture.

D. *Que savez-vous de l'agami, du flamant, du cygne et de l'eider ?*

R. L'*agami* s'apprivoise aisément et s'attache à son maître comme le chien ; le *flamant* est un joli oiseau, dont les ailes et le corps sont d'une couleur rose charmante ; le *cygne*, devenu domestique, et dont le chant, au moment de la mort, n'est qu'une fable ; l'*eider* est une espèce de canard du Nord, qui fournit le duvet précieux nommé *édredon*.

XVIII^c LEÇON.

SUITE DE LA ZOOLOGIE.

D. *Comment divise-t-on les reptiles ?*
R. En quatre ordres.
D. *Quel est le premier ?*
R. Les chéloniens ou tortues, dont le cœur a deux oreillettes, et dont le corps, porté sur quatre pieds, est enveloppé de deux plaques ou boucliers formés par les côtes et le sternum.
D. *Quel est le second ?*
R. Les sauriens ou lézards, dont le cœur a deux oreillettes, et dont le corps, porté sur quatre ou deux pieds, est revêtu d'écailles.

D. *Quel est le troisième ?*

R. Les ophidiens, ou serpens dont le cœur a deux oreillettes, et dont le corps, revêtu d'écailles, est dépourvu de membres.

D. *Quel est le quatrième ?*

R. Les batraciens, dont le cœur n'a qu'une oreillette, et dont le corps est revêtu d'une peau nue et muqueuse. Les uns ont quatre membres, d'autres deux seulement, d'autres enfin en sont tout-à-fait privés.

D. *Quels sont les animaux qui font partie du premier ordre ?*

R. Les tortues, les chélonées et les émydes.

D. *Dites-nous quelque chose de la tortue grecque.*

R. Elle se trouve en Grèce, en Italie, en Sardaigne, et, à ce qu'il paraît, tout autour de la Méditerranée. Elle ne dépasse jamais un pied de longueur totale. On la tient fréquemment en domesticité dans les jardins de l'Italie. Elle y détruit une grande quantité d'insectes et de mollusques nuisibles. Sa chair est bonne à manger, et on la choisit de préférence pour préparer le *bouillon de tortue*, employé dans certains cas comme médicament.

D. *Dites-nous quelque chose sur la tortue géométrique.*

R. La tortue géométrique, dont la taille est à peu près la même que celle de la précédente, et dont la carapace noire a chacune de ses écailles régulièrement ornée de lignes jaunes en rayons partant d'un disque de même couleur, se trouve aussi dans la région méditerranéenne de l'Europe ; mais elle y est beaucoup plus rare que la tortue grecque.

D. *Quelles sont les autres sortes de tortues ?*

R. Ce sont les *émydes* ou tortues d'eau douce ; la *tortue bourbeuse*, on la trouve près du Rhône, dans les marais d'Arles ; les *chélonées* ou tortues de mer ; la *tortue franche* ; le *caret*, dont les écailles se recouvrent comme des tuiles, qui fournit l'écaille employée dans les arts et qui est susceptible du plus beau poli ; la *caouanne* ; le *luth*, dont le nom, conservé par les Grecs, a donné celui de lyre formée d'une carapace de tortue ; les *chélides*, la *matamata*, les *trionyx* et les *tyrsés* du Nil, qui atteignent jusqu'à trois pieds de long.

D. *En combien de familles divise-t-on le deuxième ordre qu'on appelle les sauriens ?*

R. En deux familles, dont la première renferme les *crocodiles*, que l'on divise en trois genres : les *gavials*, les *crocodiles* proprement dits et les *caimans* ; et la seconde, les *lacertlens* ou *lézards*.

D. *Le crocodile a-t-il quelque chose de remarquable ?*

R. Le *gavial* est une espèce qui devient fort grande : le gavial du Gange atteint jusqu'à trente pieds de long. Il se fait remarquer par la longueur de son museau qui est à celle du corps comme 1 est à 7 et demi, et par une grosse proéminence cartilagineuse qui entoure les narines et se rejette en arrière. Il habite le Gange et probablement les fleuves voisins ; il ne se nourrit que de poissons et n'attaque pas l'homme.

D. *Comment divise-t-on la famille des lézards ?*

R. Les espèces de cette famille sont nombreuses et ont été divisées en deux grands genres.

D. *Quels sont ceux qui sont les plus remarquables parmi ces différentes espèces ?*

R. Le *lézard vert* est le plus grand après l'*ocelle* ; sa longueur, qui, ordinairement, est de huit à neuf pouces, atteint quelquefois jusqu'à un pied et demi. Il se trouve dans toutes les contrées tempérées de l'Europe, où il recherche les bois, les haies, les buissons et les herbes touffues. Le *lézard des murailles* est long de sept pouces au plus. C'est l'espèce la plus commune en France et dans toutes les parties tempérées ou chaudes de l'Europe. Personne n'ignore qu'il se rapproche volontiers de nos demeures. Le *dragon vert*, long de huit pouces environ ; il est d'une couleur verte uniforme. On le manie sans danger et on le recherche même pour un objet de curiosité. Le *basilic* ; son corps est couvert de petites écailles. Le *gecko des murailles* : c'est un animal hideux qui se cache dans les trous de murailles, les tas de pierres : il habite la Provence et le Languedoc. Le *caméléon* se trouve dans le midi de l'Espagne et jusque dans les Indes. Il atteint jusqu'à dix-huit pouces de longueur ; on compare ses yeux au diamant. Cet animal change de couleur à volonté, selon les passions qu'il éprouve, et non suivant les objets dont il approche. Le *seps* : on a cru, mais à tort, que sa morsure était mortelle, surtout pour les chevaux.

D. *En combien de familles divise-t-on le troisième ordre qu'on appelle ophidiens ?*

R. En deux familles, dont la première renferme les *anguis* que l'on divise en un seul genre qui est l'*orvet* ; la deuxième se subdivise en deux tribus : la première renferme les *amphisbènes* et les *typhlops* ; ce sont de petits serpens, semblables, pour le coup d'œil, à des vers de terre, et dans lesquels Cuvier n'a pu apercevoir de dents : l'autre tribu renferme les *boas*, le *devin*, les *couleuvres*, les *crotales* ou *serpens à sonnettes*, les *vipères*, le *serpent à lunettes*, et l'*aspic*.

D. *Y en a-t-il quelques-uns qui offrent des particularités remarquables ?*

R. Le *boa*, qui atteint jusqu'à trente et quarante pieds de longueur ; il parvient à avaler des chiens et des cerfs ; il commence par les étouffer, leur brise les os et les avale ensuite en les couvrant d'une bave grasse qui facilite la déglutition lente et pénible, suivie d'une digestion pendant la-

quelle il reste dans une torpeur complète, et assez semblable à un tronc d'arbre.

D. *Quels sont ceux qui font partie des serpens venimeux?*

R. Ce sont les *serpens à sonnettes* ou *crotales* ; la
vipère d'Egypte ou *aspic*, et la *vipère commune* que
l'on reconnaît à sa tête triangulaire et couverte
d'écailles.

D. *Quelles particularités offrent-ils de remarquables ?*

R. Les *serpens à sonnettes* ont des grelots ou cor-
nets écailleux enfilés les uns dans les autres au
bout de la queue, et qui résonnent au moindre
mouvement de l'animal. Ils habitent les contrées
chaudes de l'Amérique septentrionale ; ils ont
jusqu'à six pieds de longueur ; leur morsure fait
périr un homme en quelques minutes. Ces terri-
bles reptiles se montrent, par un singulier con-
traste, sensibles au son de la musique, ainsi
qu'a pu le vérifier M. de Châteaubriand : le ber-
ger n'a besoin que de sa flûte pour les dompter. La
vipère commune ; on la trouve en particulier dans la
forêt de Montmorency, près Paris. L'*aspic*, qui est
commun en Egypte, qui était un objet de culte
pour les habitans de cette contrée, et dont Cléo-
pâtre emprunta le secours pour se soustraire à la
tyrannie d'Octave.

D. *Quels sont les animaux qui sont du quatrième
ordre qu'on appelle batraciens?*

R. Ce sont les *grenouilles*, les *rainettes*, les *crapauds*, les *salamandres*, les *protées*, les *sirènes* et
les *cécilies*.

D. *Quels sont ceux qui offrent des particularités
remarquables ?*

R. La *grenouille*, dont la voix porte le nom de
coassement : on sait qu'Aristophane (poéte comi-
que grec) a cherché à l'imiter par les syllabes
suivantes : *bré, ké, kex, coax, coax* : ses cuisses

forment un aliment sain et agréable. Les *crapauds*
sont des animaux d'une forme hideuse, d'un aspect dégoûtant, que l'on accuse mal à propos
d'être venimeux par leur salive, leur morsure,
leur urine et même par l'humeur qu'ils transpirent. On en a vu d'apprivoisés qui venaient, à un
certain signal ou à certaine heure, chercher la
nourriture qu'on avait habitude de leur donner.
Ils meurent promptement quand on les sau-
poudre de sel ou de tabac. Il est reconnu maintenant qu'à Paris on vend souvent dans les marchés
de cette ville, des cuisses de crapauds pour des
cuisses de grenouilles. Ces cuisses, d'ailleurs,
selon Roso, sont aussi saines et aussi bonnes,
peut-être un peu plus dures que celles des grenouilles, surtout lorsqu'elles appartiennent aux
crapauds qui vivent ordinairement dans l'eau. La
salamandre est noire, à taches jaunes; sur ses flancs
sont des rangées de pustules d'où suinte une liqueur laiteuse; c'est ce qui a fait dire que la salamandre peut vivre dans le feu. Les *sirènes* et les
céciles n'offrent que leurs métamorphoses de remarquable.

XIXe LEÇON.

SUITE DE LA ZOOLOGIE.

*D. Quels sont les poissons du premier ordre, com-
pris dans la première série dont nous avons parlé?*

R. Cet ordre, le plus nombreux, comprend
quinze familles; les poissons les plus remarquables de la première famille sont : la *perche*, le *bar*, le
gremn du Rhône, de la Saône et du Danube; le
vive, dont le nom vient, dit-on, de ce que ces
animaux ont la vie dure, et subsistent long-temps
hors de l'eau : l'*uranoscope*, le *polynème*, les *mulles*,
le *vrai rouget* et le *surmulet*.

D. *Quels sont ceux qui offrent des particularités remarquables ?*

R. Le *vrai rouget.* Son goût est des plus exquis c'était un des mets les plus recherchés des Romains ; ils l'élevaient dans des étangs avec des soins infinis, et les individus qui arrivaient à une taille extraordinaire se vendaient à des prix extravagans. Suétone en cite trois qui furent payés ensemble une somme équivalente à 5844 francs. Le *surmulet,* quoique moins exquis, est encore très-bon, et, à défaut de l'autre, fort estimé à Paris.

D. *Quels sont ceux qui font partie de la seconde famille ?*

R. Le *trigle,* le *perlon,* le *grondin,* le *poisson volant,* le *chabot,* l'*épinoche* et l'*épinochette.*

D. *Quels sont ceux qui offrent des particularités remarquables ?*

R. Le *poisson volant,* dont les nageoires pectorales sont assez grandes pour le soutenir pendant quelques instans en l'air.

D. *Quels sont ceux qui font partie de la troisième famille ?*

R. Le *sciène,* le *maigre,* l'*ombrine* et le *tambour.* Ces poissons n'offrent rien de remarquable.

D. *Quels sont ceux qui font partie de la quatrième, cinquième et sixième famille ?*

R. Ce sont les *sparoïdes,* les *ménides,* les *squamipennes,* les *chelmons* et le *chétodon à bec* qui a l'instinct de lancer des gouttes d'eau aux insectes qu'il aperçoit sur le rivage, et de les faire tomber dans l'eau pour s'en nourrir.

D. *Quels sont ceux qui font partie de la septième famille ?*

R. Le *maquereau,* le *thon,* le *germon,* l'*espadon,* le *pilote* dont le nom vient de ce qu'il suit les vaisseaux pour s'emparer de ce qui en tombe. On s'est imaginé que ce petit poisson servait de guide au requin : le *caranx* et le *sauret.*

D. Quels sont ceux qui font partie de la huitième, neuvième, dixième et onzième famille ?

R. Les *poissons à rubans*, les *teuthies*, les *acanthoptérygiens à pharyngiens* (*labyrinthi formes*), qui sont distingués par cette particularité remarquable, qu'une partie de leurs paryngiens supérieurs sont divisés en petits feuillets plus ou moins nombreux, irréguliers, interceptant des cellules dans lesquelles il peut demeurer de l'eau qui découle sur les branchies, et les humecte, pendant que le poisson est à sec, ce qui permet à ces poissons de se rendre à terre, et d'y ramper à une distance souvent assez grande des ruisseaux ou des étangs qui sont leur séjour habituel ; propriété singulière dont Théophraste a parlé, et qui fait croire dans l'Inde aux ignorans que ces poissons tombent du ciel ; le *muge*, le *céphale*.

D. Quels sont ceux qui font partie de la douzième famille ?

R. Elle ne renferme que les *gobies*, qui sont remarquables par leur instinct.

D. Quels sont ceux qui font partie de la treizième famille ?

R. Elle ne renferme que la *baudroie*, qui n'offre rien de remarquable.

D. Quels sont ceux qui font partie de la quatorzième famille ?

R. Elle ne renferme que le *filou*, qui n'offre rien de remarquable.

D. Quels sont ceux qui font partie de la quinzième et dernière famille ?

R. Les *fistulaires*, dont le corps est cylindrique, et les *centrisques* ou *bécasses de mer*, dont le corps est ovale et comprimé.

D. En combien de familles divise-t-on le deuxième ordre ?

R. En cinq familles.

D. Quels sont les poissons qui font partie de la première famille ?

R. Le *cyprin*, les *carpes*, la *dorade de la Chine*, les *barbeaux*, les *goujons*, les *tanches*, les *brêmes*, la *bordelière*, les *ables*, le *meunier*, le *gardon*, la *rosse*, la *vandoise*, le *rotangle*, l'*ablette*, le *spirlin*, le *véron*, la *dormille*, la *loche franche*, la *loche d'étang* et la *loche de rivière*.

D. Quels sont ceux qui offrent des particularités remarquables ?

R. La *carpe*, poisson connu de tout le monde, originaire du milieu de l'Europe ; il vit dans nos eaux tranquilles, où il atteint jusqu'à quatre pieds de long. La *dorade de la Chine*, importée en Europe, vers le commencement du dix-neuvième siècle, à ce qu'il paraît, et en France, dit-on, dans le dix-huitième siècle, par la fameuse marquise de Pompadour, et qui fait, par l'éclat de ses couleurs, l'ornement de nos bassins. L'*ablette*, dont la nacre sert à fabriquer les fausses perles.

D. Quels sont ceux qui font partie de la deuxième famille ?

R. Le *brochet*, bien connu de tout le monde, l'un des poissons les plus voraces et les plus destructeurs, mais dont la chair est agréable ; l'*orpie*, le *scombrésoce*, l'*hemiramphe*, l'*exocet*, le *sauteur*.

D. Quels sont ceux qui font partie de la troisième famille ?

R. Le *silure*, le *glanis*, quelquefois long de six pieds et plus, et qui pèse, dit-on, jusqu'à trois cents livres ; le silure du Nil donne, comme la torpille et le gymnotte, des commotions électriques ; le *malaptéruse* et le *silure électrique* qui donne, comme la torpille et le gymnote, des commotions électriques.

D. Quels sont ceux qui font partie de la quatrième famille ?

R. Le *saumon*, le *bécard*, la *truite saumonée*, l'*ombre-chevalier*. L'ombre-chevalier du lac de Genève est surtout célèbre parmi les amateurs de bonne chère. De beaux individus de cette espèce ont été payés à Paris jusqu'à trois cents francs ; et l'*éperlan*.

D. Quels sont ceux qui font partie de la cinquième et dernière famille ?

R. Le *hareng*, poisson connu de tout le monde, part tous les ans, en été, des mers du Nord, descend, en automne, sur les côtes occidentales de la France, en légions innombrables, ou plutôt en bancs serrés, d'une étendue incalculable, qui frayent en route, et arrivent presque exténués à l'issue de la Manche, vers le milieu de l'hiver. Des nations entières s'occupent de sa pêche, qui entretient des milliers de pêcheurs, de saleurs et de commerçans ; le *pilchard*, la *sardine*, qui se pêche sur les côtes de la Bretagne et de la Méditerranée ; l'*alose*, qui remonte au printemps dans nos rivières, est un excellent manger ; enfin les *anchois* qui se pêchent en quantité dans la Méditerranée : quelques-uns sont bien plus délicats et plus petits que les autres.

D. En combien de familles divise-t-on le troisième ordre ?

R. En trois familles.

D. Quels sont ceux qui font partie de la première famille ?

R. La *morue*, qui se multiplie tellement dans les parages septentrionaux que des flottes s'y rendent chaque année pour la prendre, la saler, la sécher, et en fournir à l'Europe et aux colonies ; l'*égrebin*, le *dorsch*, le *merlan*, le *merlan jaune*, les *merluches*, et la *lotte*.

D. *Quels sont ceux qui font partie de la deuxième famille ?*

R. Les *plies*, le *carrelet*, le *flet*, la *sole*, la *limandre*, le *flétan* : on sèche le flétan, on le sale et on le vend par morceaux dans tout le Nord. le *turbot*, la *barbue*. La troisième et dernière famille qu'on appelle les *discoboles*, ne contient aucune espèce que nous devions signaler.

D. *En combien de familles divise-t-on le quatrième ordre ?*

R. En une seule famille.

D. *Quels sont ceux qui font partie de cette famille ?*

R. Les *anguilles*, qui se trouvent dans les eaux douces, et que l'on recherche pour leur chair savoureuse, mais indigestes ; nos pêcheurs en connaissent quatre espèces : le *congre*, la *murène*, dont la morsure est souvent cruelle, les *sphage-branches*, les *synbranches*, le *gymnote électrique*, qui donne des commotions électriques si violentes qu'il abat les hommes et les chevaux. Il use de ce pouvoir à volonté, le dirige dans le sens qu'il lui plaît, et s'en sert pour tuer de loin les poissons ; mais il l'épuise par l'exercice, et a besoin, pour le recouvrer, de repos et de nourriture. L'organe qui produit ces singuliers effets règne tout le long du dessus de la queue, dont il occupe près de moitié de l'épaisseur, et où il n'est recouvert que par la peau.

D. *Quels sont ceux qui font partie du cinquième ordre ?*

R. Le *syngnate*, le *solénostome*, le *pégase*, le *diodon*, les *moles* ou *poissons lunes*, les *triodons*, les *balistes* et les *coffres* : ils ont peu de chair, mais leur foie est gras, et donne beaucoup d'huile.

D. *Quelles sortes de poissons renferme la seconde série, et en combien d'ordres la divise-t-on*

R. On la divise en deux ordres : le premier ne renferme que le genre esturgeon et le genre chimère. L'esturgeon est un de nos plus gros poissons. On fait de ses œufs le *caviar* ; il est très-estimé en Russie ; de sa vessie natatoire on retire la colle de poisson. Le genre chimère ne renferme rien de remarquable que dans sa structure, dont une des particularités sont des lames épineuses, situées en avant de la base des ventrales ; il porte entre les yeux un lambeau charnu, terminé par un groupe de petits aiguillons.

D. *Quels sont ceux qui font partie du second ordre ?*

R. Le *requin*, qui atteint jusqu'à vingt-cinq pieds de longueur ; c'est un animal cruel, carnivore, qui est l'effroi des navigateurs ; le *marteau* ; la *scie* ; la *raie*, la *torpille*, qui donne à ceux qui la touchent des commotions violentes, et qui lui servent probablement aussi pour étourdir sa proie ; la *lamproie*, longue de deux à trois pieds, remonte au printemps dans les embouchures de nos fleuves, et fournit un manger très-estimé, quoique de digestion difficile ; la *myxine* et l'*ammocète*.

D. *Quels sont les animaux qu'on appelle fossiles ?*

R. Ce sont ceux que l'on rencontre généralement en nature dans le sein de la terre. Il y en a de tous les genres ; les plus remarquables sont : les *glossopètres* et les *bufonites*. Il paraît que plusieurs de ces animaux ont été altérés dans leur composition chimique ; on en cite des territoires de Sienne et de Plaisance, qui sont convertis en turquoise. De là ce préjugé que l'apôtre saint Paul, en passant à Malte, avait détruit tous les serpens de cette île, et que les dents fossiles des squales qu'on y trouve en grande abondance, en provenaient, et étaient leurs langues pétrifiées.

XXe LEÇON.

SUITE DE LA ZOOLOGIE.

D. Quels sont les animaux qui sont de la classe des mollusques?

R. Ce sont la *sèche*, le *poulpe*, le *murex*, la *mère-perle* et les *bénitiers*.

D. Quel est l'animal qui fournit l'encre de Chine?

R. La sèche, qui répand, lorsqu'elle aperçoit du danger, une liqueur noire qui trouble l'eau de la mer, et lui permet d'échapper. Son dos est couvert d'une coquille ovale, connue sous le nom de *dos de sèche*, que l'on donne aux petits oiseaux pour aiguiser leur bec.

D. Que savez-vous du poulpe?

R. Le poulpe, dont la coquille a la forme d'une chaloupe; l'animal s'y place comme dans une nacelle, pour voguer à la surface de l'eau; il relève quelques-uns de ses bras qui s'ouvrent comme des voiles, et il abaisse les autres dont il se sert comme de rames.

D. Quel est l'animal dont les anciens retiraient la couleur pourpre?

R. C'était du murex ; ils en retiraient aussi les porcelaines et les peignes.

D. D'où retire-t-on la nacre de perle et les bénitiers ?

R. De la mère-perle, qui est pêchée dans le golfe Persique, dont l'intérieur de la coquille fournit la nacre de perle, et donne les perles fines produites par une exsudation de la nacre. Les bénitiers sont des coquilles fameuses par la grandeur qu'elles atteignent; il en est qui ont deux mètres de largeur, et qui pèsent trois cents kilogrammes. L'église Saint-Sulpice, à Paris, en a deux beaux qui servent à contenir l'eau bénite.

D. *A quelle classe appartiennent les araignées ?*

R. A la classe des articulés.

D. *Quelle particularité renferme cet animal ?*

R. Leur abdomen est sans queue ; ce sont des espèces voraces, et qui ne s'épargnent même pas entr'elles. Elles ont sous l'anus de petits mamelons d'où elles tirent des fils de soie d'une ténuité extrême, avec lesquels elles fabriquent des cocons pour renfermer leurs œufs, et des toiles qui sont des piéges pour attraper des insctes dont elles se nourrissent. Les fils qu'on appelle *fils de la Vierge*, et ceux que l'on voit dans les sillons d'une terre labourée, sont produits par différentes espèces d'araignées.

D. *Combien y en a-t-il d'espèces ?*

R. On peut citer les *mygales*, ou araignées d'Amérique, qu'on appelle aussi araignées des oiseaux. Elle poursuit les petits colibris ; et l'araignée des jardins, la plus grande parmi celles qui font une toile circulaire ; elle est rousse. Il existe aussi une araignée aquatique, qui se prépare une retraite dans une coque ovale.

D. *Que savez-vous de la tarentule et du scorpion ?*

R. La tarentule, qui se trouve dans le midi de l'Europe, est venimeuse ; mais autrefois on prétendait que sa morsure causait la mort, à moins qu'une musique agréable ne ranimât le malade, et ne le fît danser successivement ; c'était une fable des temps d'ignorance. Le scorpion ressemble en quelque sorte à l'écrevisse, et sa piqûre produit des accidens graves, même chez l'homme.

D. *Qu'est-ce que les crillettes ?*

R. Ce sont des animaux de la classe des insectes, dont les larves vivent dans le bois qu'elles rendent vermoulu, et qu'elles percent dans tous les sens ; le mâle et la femelle se répondent et s'appellent entr'eux en frappant avec force la boiserie avec leurs mandibules.

D. *Qu'est-ce que les limes-bois et les enterreurs ?*

R. Les limes-bois sont des insectes dont les larves rongent le chêne et le sapin, et les réduisent en poussière. Les enterreurs sont des insectes qui ont l'instinct d'enfouir les cadavres de quelques petits quadrupèdes dans lesquels ils ont déposé leurs œufs, afin que les larves qui en naîtront, y trouvent leur nourriture.

D. *Parlez-nous des cantharides.*

R. Les cantharides, qui vivent sur le frêne, sont des insectes d'un vert brillant, mêlé d'une teinte bleuâtre, et qui ont une odeur forte et désagréable. On recueille les cantharides aux mois de juin et de juillet, en secouant les arbres sur lesquels elles se posent avant le lever du soleil. La vapeur du vinaigre suffit pour les tuer ; on les emploie comme vésicatoires, car elles ont la propriété de faire lever l'épiderme de la peau.

D. *Que savez-vous des charançons ?*

R. Les larves des charançons occasionnent de grands dégâts dans les blés.

D. *Que savez-vous des coccinelles ?*

R. Les coccinelles, vulgairement appelées *bêtes à Dieu*, sont des insectes carnassiers qui vivent de pucerons.

D. *Que savez-vous des perce-oreilles ?*

R. On attribue faussement aux perce-oreilles l'instinct de s'introduire dans l'oreille des hommes.

D. *Que savez-vous des criquets ?*

R. Les criquets, qui émigrent en bandes si nombreuses qu'ils obscurcissent quelquefois le soleil, sont de redoutables essaims qui détruisent tout sur leur passage ; et souvent leurs cadavres infectent l'air et occasionnent des maladies.

D. *Que savez-vous du cricri ?*

R. Les cricris sont des insectes dont les mâles, par le frottement de leurs cuisses, occasionnent ce que l'on nomme improprement leur chant.

D. *Que savez-vous du fourmillier ?*

R. Les fourmilliers sont des insectes connus par l'industrie de leurs larves, qui se creusent dans le sable un entonnoir dans lequel elles dévorent les insectes qui tombent dans le fond de ce précipice.

D. *Parlez-nous des fourmis.*

R. Les fourmis vivent en société ; elles sont composées de mâles, de femelles et de neutres ; les neutres seuls travaillent.

D. *Quelles particularités remarquez-vous dans les abeilles ?*

R. Ces insectes, qui vivent en société, dont chacune est composée d'une seule femelle, appelée *reine*, de mâles appelés frélons, et de neutres appelés *abeilles ouvrières*, chargées de tout le travail, donnent au commerce la cire et le miel.

D. *Que savez-vous des cochenilles ?*

R. Les cochenilles vivent au Mexique, sur un cactus nommé *nopal* ; elles servent à teindre en écarlate, et à faire du carmin.

D. *Comment divise-t-on les papillons ?*

R. On divise les papillons en *diurnes*, ou papillons de jour ; *crépusculaires*, qui volent au crépuscule, et *phalènes*, qui volent la nuit. Parmi les papillons de jour on remarque le *paon*, la *belle-dame*, les *chevaliers* ; ces derniers sont les plus grands et les plus beaux des papillons ; parmi les papillons crépusculaires, le sphynx à tête de mort est assez remarquable.

D. *Que savez-vous sur les vers à soie ?*

R. Ce sont des insectes dont la chenille donne la soie, et qui sont originaires de la Chine. Dans le Tonkin et dans la Cochinchine, on élève ces insectes sur les mûriers où ils font leurs cocons, dont les fils ont jusqu'à deux mille mètres de longueur.

D. Qu'est-ce que les teignes ?

R Ce sont des vers qui dévorent les fourrures et les étoffes.

D. Quels sont les autres insectes les plus générale-ment répandus ?

R. Ce sont les punaises, insectes fort désagréables par l'odeur qu'ils exhalent ; les puces qui font des sauts énormes par rapport à leur petitesse et à l'articulation de leurs jambes ; les poux et les ricins ou poux des oiseaux.

D. Quels sont les principaux animaux de la classe des crustacés ?

R. Ce sont les crabes, les écrevisses, qui avancent à reculons ; les ocypodes, qui courent avec une vitesse extraordinaire ; les ermites, qui s'emparent des coquilles vides, pour y établir leurs demeures ; les homards ; les salicoques et les crevettes.

D. Nommez-nous les animaux les plus curieux de la classe des rayonnés.

R. Les *ténias* ou vers solitaires, qui vivent dans les intestins de l'homme ; leur tête est carrée et armée de suçoirs ; ils ont souvent vingt pieds de long ; les *ascarides* ou vers des enfans ; les *strongles* qui tourmentent les chevaux et les moutons ; les *oursins* dont on mange plusieurs espèces ; les *orties* de mer, animaux aquatiques, dont la peau produit sur celle de l'homme à peu près le même effet que l'ortie ; les *méduses* qui sont des masses gélatineuses transparentes, nageant au moyen de contractions ; les *béroés* qui nagent en répandant une lumière phosphorique très-brillante ; les *actinies* ou fleurs animales qui se fixent sur les rochers, où elles attirent avec leurs longs bras les petits crabes dont elles se nourrissent.

D. Qu'est-ce que les polypes ?

R. Ce sont des animaux qui croissent par bourgeons. Les polypes d'eau douce ont donné lieu à des expériences curieuses. On les coupe en plusieurs parties, et il se forme autant de polypes qu'il y a de parties. On a retourné des polypes comme des gants, et ils ont continué de vivre. Les éponges paraissent les demeures de certains polypes.

D. *Quels sont les animaux qu'on appelle infusoires?*

R. Les infusoires sont des animaux si petits qu'ils échappent à l'œil, et qu'ils ne sont aperçus qu'au microscope; ils fourmillent dans les eaux dormantes.

D. *Qu'est-ce que les monades?*

R. Ce sont des animaux qui sont de la classe des infusoires, et qui sont les plus petits animaux connus: ils échappent même, ou ils ne paraissent que comme de petits points au microscope.

D. *En quoi l'étude des animaux dont nous venons de parler est-elle utile?*

R. Par la connaissance des choses où nous pouvons les employer, soit dans le service domestique, soit dans le produit industriel, et par la connaissance de ceux dont nous devons nous préserver.

À une époque où toutes les sciences doivent tendre à l'amélioration et au bien-être des sociétés, on doit chercher partout des moyens d'application. Souvent, où l'on ne croit rencontrer qu'un objet de pure curiosité, on peut trouver des choses ignorées et utiles, telles que de nouveaux enduits, de nouveaux tissus, de nouvelles combinaisons chimiques, de nouveaux principes colorans, qui viendraient augmenter d'autant les ressources de l'industrie.

rent les hommages d'un monde frivole ; mais c'est un titre chéri de Dieu et respecté des anges, qui donne droit à des honneurs immortels, et à de glorieux priviléges dans le royaume du ciel. C'est le seul titre que nous donnions et qui convienne à la plus sainte des créatures, à la mère du Verbe incarné. Quand nous l'avons nommée Vierge par excellence , nous croyons non-seulement l'avoir assez clairement désignée, mais avoir renfermé en un mot tout son éloge. En effet, c'est elle qui conduit la troupe innocente des vierges : *Adducentur....virgines post eam ;* qui les présente à son fils , en qualité de ses suivantes, de ses imitatrices , de ses filles adoptives : *Proximæ ejus afferentur tibi.* C'est elle qui les introduit dans le séjour de la félicité pure et de l'éternelle joie : *Afferentur in lœtitiâ et exultatione ;* qui leur ouvre , sur les hauteurs les plus inaccessibles de la Jérusalem céleste, ce sanctuaire secret de la Divinité , où elles seules entre les élus sont admises, et où le Roi de gloire manifeste à ses épouses tout l'éclat de sa beauté : *Adducentur in templum regis* (1).

Combien ne devez-vous donc pas estimer votre bonheur, ô vous, ma chère Sœur en Jésus-Christ, qui , après vous être dégagée des liens

____

(1) Ps. XLIV, 15 et 16.